개정판

통계수학강의

허명회 지음

教友社

머리말

이 책은 고려대학교 통계학과의 전공 진입생을 대상으로 한 《통계수학》 강좌의 2005년과 2006년 강의록이다. 《통계수학》은 통계학 전공 이수에 필요한 최소한의 미적분학(Calculus)을 학습하는 한 학기 과목인데, 최근에는 고등학교에서 미적분을 공부하지 않고 대학에 오는 바람에 통계학과 학생들이 꼭 거쳐야 하는 과목이 되었다.

다루는 내용은 고등학교 수준의 일변수 함수에 대한 미분과 적분, 그리고 다변수 함수에 대한 편미분과 중적분이다. 다변수 함수라고 하지만 실제로는 이변수 함수라고 생각해도 된다.

미적분학은 통계학이나 계량적인 사회과학을 전공하는 데 있어 필수적인 초석이다. 그 중요성은 더 이상 강조하기 어렵다. 다만, 이 강의록에서는 컴퓨터, 즉 계산적 측면을 살핌으로써 고전 수학에 대한 새로운 이해를 추구하였다. 그래프 작성과 몇 가지 수치계산을 위하여 open source 소프트웨어인 R을 사용하였지만(http://www.r-project.org) 이 교과에서 꼭 R을 익혀야 하는 것은 아니다.

부록 연습문제에 대한 풀이는 출판사 홈페이지(http://www.kyowoo.co.kr)에 올릴 것이다. 필요하면 참고하길 바란다. 연습문제 풀이는 곽일엽 군과 이문주 양이 해주었다.

2년간 이 교과를 운영하면서 김기원 외 4인이 저술한 《Mathematica를 이용한 일반수학》 제 2판을 교재로 활용하였다 (교우사, 2002). 그러나 이제는 이 강의록도 나름대로 체계를 갖추었으므로 별도의 교재가 있어야 할 것 같지 않다. 보충 학습이 필요하다면 적당히 두꺼운 Calculus 책을 잡기 바란다. 아무쪼록 살아있는 수학을 하길 희망한다.

허 명 회, 고려대학교 통계학과 교수 2007/02/05, 2008/12/01

stat420@korea.ac.kr

차례

1장. 수열과 함수

함수는 수학에서 가장 기본이 되는 탐구 대상이다. 수열은 함수의 성질을 이해하는 데 있어 매우 요긴하다.

1절. 수열의 극한

수열의 기본에 대하여는 고등학교에서 배웠을 것이므로 여기서는 반복하지 않는다. 다만, 수열의 극한에 대하여 한 단계 깊게 들어가기로 한다.

피보나치(Fibonacci) 수열은 다음과 같이 정의된다. $a_1 = 1$, $a_2 = 1$,

$$a_n = a_{n-1} + a_{n-2}, \quad \text{for } n = 3, 4, 5, \cdots .$$

이에 따라 $a_3 = 2$, $a_4 = 3$, $a_5 = 5, \cdots$가 된다. $\lim_{n\to\infty} a_n / a_{n-1}$ 은 얼마일까? 이에 답하기 위하여 수열의 극한을 정의할 필요가 있다.

수열 a_n 의 극한(極限, limit) $\lim_{n\to\infty} a_n = p$ 의 의미는 다음과 같다 (정의).

There exists $N \in Z^+$ such that
$n > N$ implies $|a_n - p| < \epsilon$
for any $\epsilon > 0$.[1] [여기서 $Z^+ = \{1, 2, 3, \cdots\}$, 자연수 전체의 집합]

---

1) 우리 말로 하면 다음과 같다:
"어떻게 $\epsilon > 0$을 잡더라도 $n > N$ 이면 $|a_n - p| < \epsilon$ 이 되는 $N \in Z^+$ 이 존재한다."

예 1. $a_n = 1 + \frac{1}{n}$ 이라고 하자. 그러면 $\lim_{n \to \infty} a_n = 1$ 이다. 왜냐?

$N = [1/\epsilon] + 1$ 으로 잡자 (or $N > 1/\epsilon$). 그러면

$$n > N \Rightarrow |1 + \frac{1}{n} - 1| < \frac{1}{N} < \frac{1}{1/\epsilon} = \epsilon.$$ ☑

수열의 극한은 다음과 같은 몇 가지 성질을 갖는다.

정리 1. 수열 $\{a_n\}$과 $\{b_n\}$의 극한이 존재한다면

1) $\lim_{n \to \infty} (k \cdot a_n) = k \cdot \lim_{n \to \infty} a_n$.

2) $\lim_{n \to \infty} (a_n \pm b_n) = \lim_{n \to \infty} a_n \pm \lim_{n \to \infty} b_n$.

3) $\lim_{n \to \infty} (a_n \cdot b_n) = \lim_{n \to \infty} a_n \cdot \lim_{n \to \infty} b_n$.

4) $\lim_{n \to \infty} (a_n / b_n) = \lim_{n \to \infty} a_n / \lim_{n \to \infty} b_n$.

증명. $\lim_{n \to \infty} (a_n + b_n) = \lim_{n \to \infty} a_n + \lim_{n \to \infty} b_n$ 를 증명해보자.

수열 $\{a_n\}$과 $\{b_n\}$의 극한이 존재하므로 임의의 $\epsilon > 0$에 대하여

There exist $N_1 \in Z^+$ and $N_2 \in Z^+$ such that

$$n > N_1 \Rightarrow |a_n - p_1| < \epsilon/2,$$

$$n > N_2 \Rightarrow |b_n - p_2| < \epsilon/2.$$

여기서 p_1과 p_2는 각각 $\{a_n\}$과 $\{b_n\}$의 극한이다. $N = \max\{N_1, N_2\}$로 잡으면, $n > N$에 대하여

$$|(a_n + b_n) - (p_1 + p_2)| \leq |a_n - p_1| + |b_n - p_2|$$
$$< \epsilon/2 + \epsilon/2 = \epsilon.$$

따라서

$$\lim_{n\to\infty} (a_n + b_n) = p_1 + p_2 .$$ ☑

그 밖의 다른 성질의 증명에 대하여는 각자에 맡긴다. 다소 까다로울 것이다.

정리 2 (조임 정리, Squeeze Theorem). 3개의 수열 $\{a_n\}, \{b_n\}, \{c_n\}$ 사이에

$$a_n \leqq c_n \leqq b_n , \quad \lim_{n\to\infty} a_n = p = \lim_{n\to\infty} b_n$$

의 관계가 성립한다고 하자. 그러면 $\lim_{n\to\infty} c_n = p$ 이다.

증명. $a_n - p \leqq c_n - p \leqq b_n - p$ 이므로

$$| c_n - p | \leqq \max\{ | a_n - p | , | b_n - p | \}.$$

그런데 $\lim_{n\to\infty} a_n = \lim_{n\to\infty} b_n = p$ 이므로, 임의의 $\epsilon > 0$ 에 대하여

There exists $N \in Z^+$ such that

$n > N$ implies $| a_n - p | < \epsilon$ and $| b_n - p | < \epsilon$.

따라서

$$n > N \Rightarrow | c_n - p | \leqq \max\{ | a_n - p | , | b_n - p | \} < \epsilon .$$ ☑

예 2. $c_n = \dfrac{\sin^3 n}{n^3}$ 이라고 하자. $a_n = -\dfrac{1}{n^3}$, $b_n = \dfrac{1}{n^3}$ 으로 잡으면

$$a_n \leqq c_n \leqq b_n , \lim_{n\to\infty} a_n = 0 = \lim_{n\to\infty} b_n .$$

정리 2 (조임 정리)에 의하여 $\lim_{n\to\infty} c_n = 0$. ☑

정리 3. 어떤 실수 x 에 대하여도

$$\lim_{n\to\infty} \frac{|x|^n}{n!} = 0 .$$

이 정리는 $|x|$가 1보다 큰 경우에도 성립한다. 그런데 $|x|^n = |x|^{n-1} \cdot |x|$은 지수적으로 증가한다. 그러나 계승(階乘, factorial) $n! = (n-1)! \cdot n$이 더 빠르게 증가한다. 왜냐하면 n이 커짐에 따라 언제인가는 $|x|$보다 크게 될 것이기 때문이다.

증명 (정리 3). $|x|$이 어떠한 값이더라도 이것보다 2배 이상 큰 자연수 N이 존재한다 (예컨대 $N = 2[|x|]+2 \Rightarrow |x|/N < \frac{1}{2}$). 따라서

$$\frac{|x|^n}{n!} = \frac{|x|^N}{N!} \cdot \frac{|x|^{n-N}}{(N+1)(N+2)\cdots n} < \frac{|x|^N}{N!} \cdot \left(\frac{1}{2}\right)^{n-N}.$$

$$\therefore \lim_{n\to\infty} \frac{|x|^n}{n!} \leqq \frac{|x|^N}{N!} \lim_{n\to\infty} \left(\frac{1}{2}\right)^{n-N} = 0 .$$ ☑

실제로 계승 값은 엄청나게 빠르게 증가한다. 엑셀로 구한 <표 1>을 보라. 5^n과 $n!$을 비교한 것인데 $n = 11$까지는 5^n이 더 크지만 그 이후로는 $n!$이 더 크며 그 비는 급속히 0에 수렴해간다.

$n!$의 크기에 대하여는 다음이 잘 알려져 있다.

Stirling의 공식: $n! \sim \sqrt{2\pi}\, n^{n+0.5}\, e^{-n}$, for very large n.

여기서 $e = 2.71828\cdots$ 인 무리수인데 이후 곧 나올 것이다.

정리 4. $a_n = \left(1+\frac{1}{n}\right)^n$, $n = 1, 2, 3, \cdots$ 라고 하자.

1) $\{a_n\}$은 증가수열이다.

2) $a_n \leqq 3$.

이 수열을 관찰해보면

$a_1 = 2$, $a_2 = (3/2)^2 = 2.25$, $a_3 = (4/3)^3 = 2.37$, $a_4 = (5/4)^4 = 2.44, \cdots$

<표 1> 5^n 과 $n!$의 비교: 엑셀 계산

n	5^n	n!	5^n / n!
0	1	1	1.00000
1	5	1	5.00000
2	25	2	12.50000
3	125	6	20.83333
4	625	24	26.04167
5	3,125	120	26.04167
6	15,625	720	21.70139
7	78,125	5,040	15.50099
8	390,625	40,320	9.68812
9	1,953,125	362,880	5.38229
10	9,765,625	3,628,800	2.69114
11	48,828,125	39,916,800	1.22325
12	244,140,625	479,001,600	0.50969
13	1,220,703,125	6,227,020,800	0.19603
14	6,103,515,625	87,178,291,200	0.07001
15	30,517,578,125	1,307,674,368,000	0.02334
16	152,587,890,625	20,922,789,888,000	0.00729
17	762,939,453,125	355,687,428,096,000	0.00214
18	3,814,697,265,625	6,402,373,705,728,000	0.00060
19	19,073,486,328,125	121,645,100,408,832,000	0.00016
20	95,367,431,640,625	2,432,902,008,176,640,000	0.00004

등으로 단조 증가하는 것을 볼 수 있다. <표 2>의 엑셀 시트를 보자. $\{a_n\}$이 증가하여 한 순간 3을 넘어서고 n이 상당히 커지면 1로 가라앉는 것을 볼 수 있다. 그러나 정리 4는 $\{a_n\}$은 증가수열이며 a_n이 3을 넘어설 수 없다고 한다. (무엇이 맞는 것일까?)

증명 (정리 4).

1) $$a_n = \left(1+\frac{1}{n}\right)^n = 1+\binom{n}{1}\left(\frac{1}{n}\right)^1+\binom{n}{2}\left(\frac{1}{n}\right)^2+\cdots+\binom{n}{n}\left(\frac{1}{n}\right)^n$$

$$= 1+1+\frac{1}{2!}\left(1-\frac{1}{n}\right)+\cdots+\frac{1}{n!}\left(1-\frac{1}{n}\right)\cdots\left(1-\frac{n-1}{n}\right).$$

<표 2> $a_n = \left(1+\dfrac{1}{n}\right)^n$ 의 엑셀 계산 예 (여기서 $n = 10^k$, $k = 1, 2, 3, \cdots$)

k	n	a_n
0	1	2.00000000
1	10	2.59374246
2	100	2.70481383
3	1,000	2.71692393
4	10,000	2.71814593
5	100,000	2.71826824
6	1,000,000	2.71828047
7	10,000,000	2.71828169
8	100,000,000	2.71828179
9	1,000,000,000	2.71828203
10	10,000,000,000	2.71828205
11	100,000,000,000	2.71828205
12	1,000,000,000,000	2.71852350
13	10,000,000,000,000	2.71611003
14	100,000,000,000,000	2.71611003
15	1,000,000,000,000,000	3.03503521
16	10,000,000,000,000,000	1.00000000
17	100,000,000,000,000,000	1.00000000
18	1,000,000,000,000,000,000	1.00000000
19	10,000,000,000,000,000,000	1.00000000
20	100,000,000,000,000,000,000	1.00000000

마찬가지로

$$\begin{aligned}
a_{n+1} &= \left(1+\frac{1}{n+1}\right)^{n+1} \\
&= 1+\binom{n+1}{1}\left(\frac{1}{n+1}\right)^1+\binom{n+1}{2}\left(\frac{1}{n+1}\right)^2+\cdots+\binom{n+1}{n}\left(\frac{1}{n+1}\right)^n+\binom{n+1}{n+1}\left(\frac{1}{n+1}\right)^{n+1} \\
&= 1+1+\frac{1}{2!}\left(1-\frac{1}{n+1}\right)+\cdots+\frac{1}{n!}\left(1-\frac{1}{n+1}\right)\cdots\left(1-\frac{n-1}{n+1}\right) \\
&\quad +\frac{1}{(n+1)!}\left(1-\frac{1}{n+1}\right)\cdots\left(1-\frac{n}{n+1}\right) \\
&\geq 1+1+\frac{1}{2!}\left(1-\frac{1}{n+1}\right)+\cdots+\frac{1}{n!}\left(1-\frac{1}{n+1}\right)\cdots\left(1-\frac{n-1}{n+1}\right).
\end{aligned}$$

따라서

$$a_{n+1}-a_n = \left(1+\frac{1}{n+1}\right)^{n+1} - \left(1+\frac{1}{n}\right)^{n}$$

$$\geqq \left[1+1+\frac{1}{2!}\left(1-\frac{1}{n+1}\right)+\cdots+\frac{1}{n!}\left(1-\frac{1}{n+1}\right)\cdots\left(1-\frac{n-1}{n+1}\right)\right]$$

$$-\left[1+1+\frac{1}{2!}\left(1-\frac{1}{n}\right)+\cdots+\frac{1}{n!}\left(1-\frac{1}{n}\right)\cdots\left(1-\frac{n-1}{n}\right)\right]$$

$$\geqq 0+0+0+\cdots+0 .$$ ☑

2)

$$a_n = 1+1+\frac{1}{2!}\left(1-\frac{1}{n}\right)+\cdots+\frac{1}{n!}\left(1-\frac{1}{n}\right)\cdots\left(1-\frac{n-1}{n}\right)$$

$$\leqq 1+1+\frac{1}{2!}+\cdots+\frac{1}{n!}$$

$$\leqq 1+1+\frac{1}{2^1}+\cdots+\frac{1}{2^{n-1}} \quad (\because\ n! \geqq 2^{n-1})$$

$$\leqq 1+\frac{1}{1-\frac{1}{2}} = 1+2 .$$ ☑

정리 4에 따라 $a_n = (1+1/n)^n$ 은 위로 유계(有界, bounded above)된 증가수열이다. 따라서 $\lim_{n\to\infty} a_n$ 가 존재할 수밖에 없다.

$\lim_{n\to\infty} a_n$ 은 얼마인가? 컴퓨터로 계산하여야 하겠지만 <표 2>와 같은 단순한 엑셀 프로그램으로 하는 것은 위험천만이다.

다음은 수학전문 소프트웨어인 Mathematica로 구한 $e = \lim_{n\to\infty}\left(1+\frac{1}{n}\right)^n$ 값이다 (소숫점 아래 100자리).

```
e = 2.71828 18284 59045 23536
      02874 71352 66249 77572
      47093 69995 95749 66967
```

62772 40766 30353 54759
45713 82178 52516 64274

실용적으로는 e 를 2.71828 로 간주하면 된다. e 는 무리수인 것으로 알려져 있다.

처음에 언급했던 피보나치 수열(Fibonacci)로 되돌아가보자.

$$a_n = a_{n-1} + a_{n-2}\,, \quad \text{for } n = 3, 4, 5, \cdots \ ; \quad a_1 = 1,\ a_2 = 1\,.$$

양변을 a_{n-1} 로 나누고 $b_n = \dfrac{a_n}{a_{n-1}}$ 로 표기하면

$$b_n = 1 + \frac{1}{b_{n-1}}\,, \text{ for } n = 3, 4, 5, \cdots \ ; \ b_2 = 1\,.$$

함수 f 를 $f(x) = 1 + \dfrac{1}{x}$ 로 놓으면 $b_n = f(b_{n-1})$ 이 되는 셈이다. 이에 따라 $\lim_{b \to \infty} b_n$ 은 $y = 1 + \dfrac{1}{x}$ 와 $y = x$ 의 교점에서 얻어진다. <그림 1>은 그 의미를 그래프에서 살펴본 것이다.2)

$$1 + \frac{1}{x} = x \quad \Rightarrow \quad x = \frac{1+\sqrt{5}}{2}\,.$$

따라서, $\lim_{b \to \infty} b_n = \dfrac{1+\sqrt{5}}{2} = 1.618$, 황금 비(golden ratio)이다.3)

고등학교 수학에서와 같이 급수(series)는 무한 수열 $\{a_n\}_{n=1}^{\infty}$ 의 합을 지칭한다. 여기서 급수에 대한 몇 가지 상식을 정리하기로 한다.

---

2) 그림 1의 작성을 위해 사용한 소프트웨어는 R이라고 하는 통계 프로그램이다. R은 뛰어난 그래픽 기능을 갖고 있다. http://www.r-project.org에서 무료로 내려 받아 사용할 수 있다.

3) 이 비율은 레오나르도 다빈치 등 르네상스 시대 예술가들이 $\dfrac{\text{사람의 키}}{\text{배꼽의 높이}}$에 대한 이상값으로 사용하였다고 한다. 즉, 그 역수인 $\dfrac{2}{1+\sqrt{5}} = 0.618$이 사람의 키를 1로 놓았을 때 이상적인 배꼽의 높이로 본 것이다. 장대흥 (2006, 응용통계연구, pp.195-201) 참조.

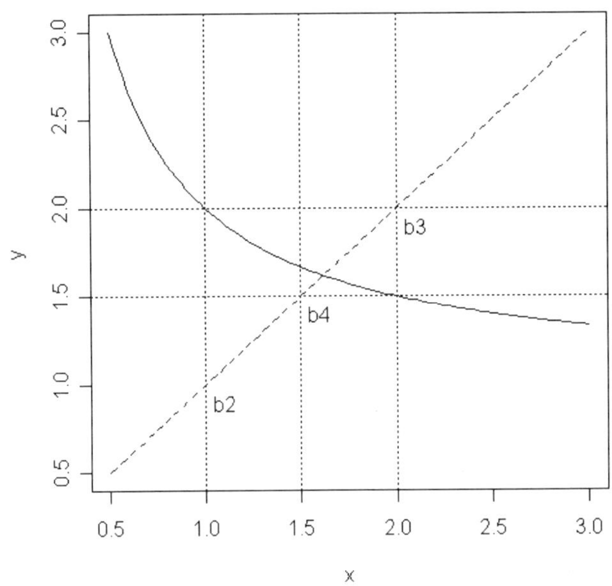

<그림 1> 수열의 극한 $\lim_{b\to\infty} b_n$: $b_n = 1+\dfrac{1}{b_{n-1}}$, for $n \geq 3$; $b_2 = 1$.

* R 코드:

```
f <- function(x) 1+ 1/x
g <- function(x) x
plot(f, 0.5, 3, xlim=c(0.5, 3), ylim=c(0.5,3), ylab="y")
par(new=T)
plot(g, 0.5, 3, xlim=c(0.5, 3), ylim=c(0.5,3), ylab="", lty=2)
abline(v=1, h=2, lty=3)
abline(v=2, h=3/2, lty=3)
abline(v=3/2, lty=3)
text(1.1, 0.9, "b2")
text(2.1, 1.9, "b3")
text(1.6, 1.4, "b4")
```

1) $\sum_{i=1}^{\infty} \frac{1}{i}$ 는 ∞ 로 발산한다.

증명. $$\sum_{i=1}^{\infty} \frac{1}{i} = 1+\frac{1}{2}+\frac{1}{3}+\frac{1}{4}+\frac{1}{5}+\frac{1}{6}+\frac{1}{7}+\frac{1}{8}+\cdots$$

$$\geqq 1+\frac{1}{2}+\left(\frac{1}{4}+\frac{1}{4}\right)+\left(\frac{1}{8}+\frac{1}{8}+\frac{1}{8}+\frac{1}{8}\right)+\cdots$$

$$=1+\frac{1}{2}+\frac{2}{4}+\frac{4}{8}+\cdots =1+\frac{1}{2}+\frac{1}{2}+\frac{1}{2}+\cdots = \infty .$$

2) $\sum_{i=1}^{\infty} \frac{1}{i^2}$ 는 수렴한다 (그 값은 $\pi^2/6$, 즉 $1.6449\cdots$ 이다).

증명. 당연히 $\sum_{i=1}^{n} \frac{1}{i^2}$ 은 단조증가한다. 그러나

$$\sum_{i=1}^{\infty} \frac{1}{i^2} = \frac{1}{1^2}+\sum_{i=2}^{\infty} \frac{1}{i^2} \leqq \frac{1}{1^2}+\sum_{i=2}^{\infty} \frac{1}{(i-1)i} = \frac{1}{1^2}+\sum_{i=2}^{\infty}\left(\frac{1}{i-1}-\frac{1}{i}\right)$$

$$=\frac{1}{1^2}+\left(\frac{1}{1}-\frac{1}{2}\right)+\left(\frac{1}{2}-\frac{1}{3}\right)+\left(\frac{1}{3}-\frac{1}{4}\right)+\cdots = 1+1=2.$$

따라서 $\sum_{i=1}^{\infty} \frac{1}{i^2}$ 는 어떤 값에 근접해가게 된다. 여기서는 그 “어떤 값”이 $\pi^2/6$ 임을 보일 수는 없다 (복소함수론에 가야 나온다). 수치적으로 계산해보면 $\sum_{i=1}^{1000} \frac{1}{i^2} = 1.6439$, $\sum_{i=1}^{10000} \frac{1}{i^2} = 1.6448$ 이다.

3) $p>1$ 이면 $\sum_{i=1}^{\infty} \frac{1}{i^p}$ 가 수렴하고, $0< p \leqq 1$ 이면 $\sum_{i=1}^{\infty} \frac{1}{i^p}$ 가 ∞ 로 발산한다.

설명. 앞의 두 경우($p=1$, $p=2$)를 포함하는 일반적인 정리인데 이것의 증명은 적분 테스트(integral test)로 하기 때문에 현 시점에서는 어렵다. 관심이 있는 학생은 적분(3장)을 익힌 다음 두꺼운 Calculus 책을 참조하라.

2절. 기초 함수론

함수(函數, function) $f: A \to B$ 는 집합 A 의 원소(元素, element)를 집합 B 의 원소에 대응시키는 규칙이다. 치역(range) $f(A) = \{ f(x) \mid x \in A \}$는 집합 A 의 원소들의 상(像, image)을 모은 것이다.

예 3. 함수 $f: \mathbb{R} \to \mathbb{R}$가 $x \in \mathbb{R}$를 x^2 에 대응시킨다고 하자 ($\mathbb{R}$은 실수 전체의 집합). 즉, $f(x) = x^2$. 그러면 f 의 치역은 $f(\mathbb{R}) = [0, \infty)$ 이다. 즉, 0보다 작은 값을 상으로 갖는 원소는 없다.

정의: 함수 $f: A \to B$ 의 그래프는 $G_f = \{ (x, f(x)) \mid x \in A \}$이다.

예 4. 다음과 같이 정의된 함수 $f: \mathbb{R} \to \mathbb{R}$의 그래프를 그려보자.

$$f(x) = \begin{cases} \sin \dfrac{\pi}{x}, & x \neq 0 \\ 0, & x = 0 \end{cases}$$

이 함수는 $\pi / x = k\pi \quad (k = 1, 2, 3, \cdots)$를 만족하는 모든 x 에서 0의 값을 갖는다. 즉,

$$x = 1/k \quad (k = 1,2,3,\cdots) \ \Rightarrow \ f(x) = 0 .$$

또한 이 함수는 $\pi / x = k\pi + \pi/2$ 를 만족하는 x 에서는 $(-1)^k$ 의 값을 갖는다. 즉,

$$x = 1/(k+0.5) \ (k = 1,2,3,\cdots) \ \Rightarrow \ f(x) = (-1)^k .$$

그리고 f 는 홀함수(奇函數, odd function)이다: $f(-x) = -f(x)$. f 의 일부 그래프는 <그림 2>와 같다. <그림 2>는 $(-0.25, 0.25)$ 에서 f 의 자취를 그리지 않았는데 이 구간에서는 x 가 0에 가까워짐에 따라 f 의 그래프가 점점 더 잦은 파동을 보일 것으로 예상할 수 있다.

$x = 0$ 에서 f 는 연결된 그래프가 될 것인가, 그렇지 않을까? 우리

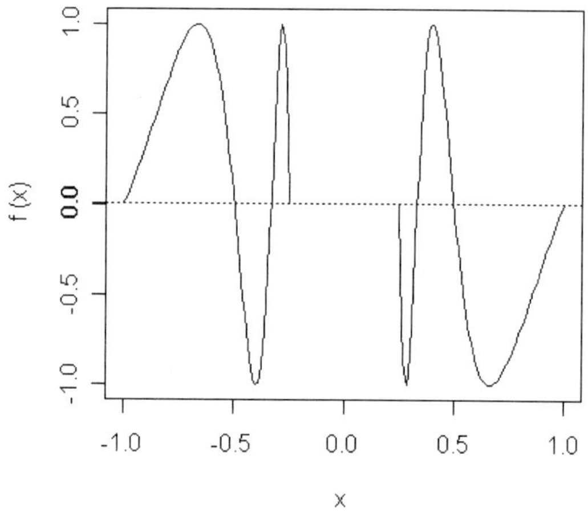

<그림 2> $f(x) = \sin\dfrac{\pi}{x}$ 의 그래프: $(-1, -0.25)$ 와 $(0.25, 1)$ 에서.

```
* f <- function(x) sin(pi/x)
  plot(f, 0.25, 1, xlim=c(-1,1))
  par(new=T)
  plot(f,-1,-0.25, xlim=c(-1,1))
  abline(c(0,0),lty="dotted")
```

는 이 장에서 이에 대한 논리를 제시할 것이다.

예 5. 다음과 같이 정의된 함수 $g: \mathbb{R} \to \mathbb{R}$ 의 그래프를 그려보자.

$$g(x) = \begin{cases} x \sin\dfrac{\pi}{x}, & x \neq 0 \\ 0, & x = 0 \end{cases}$$

예 4의 함수 f 와 비슷하지만 다소 다르기도 하다. 즉 $\pi/x = k\pi$ 를 만족하는 모든 x 에서 g 가 0의 값을 갖는다는 점에서는 f 와 같다. 그러나 $\pi/x = k\pi + \pi/2$ 를 만족하는 x 에서 f 는 $(-1)^k$ 의 값을 갖지만 g 는 $(-1)^k \cdot x$ 의 값을 갖는다. f 는 홀함수이지만 g 는 짝함수(偶函數, even

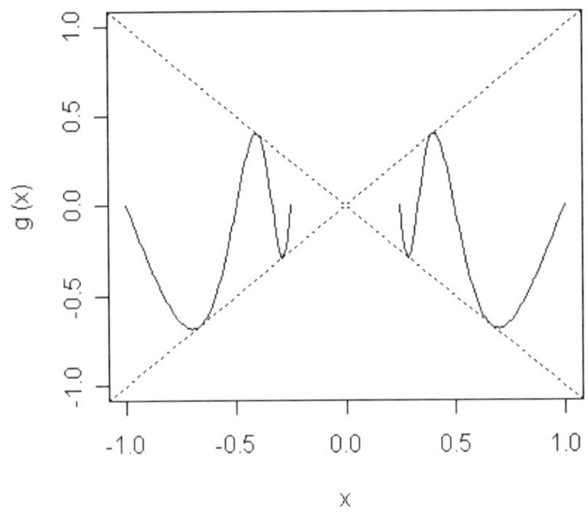

<그림 3> $g(x) = x \sin \frac{\pi}{x}$ 의 그래프: $(-1, -0.25)$ 와 $(0.25, 1)$ 에서.

```
* g <- function(x) x* sin(pi/x)
  plot(g, 0.25, 1, xlim=c(-1,1), ylim=c(-1,1))
  par(new=T)
  plot(g,-1,-0.25, xlim=c(-1,1), ylim=c(-1,1))
  abline(c(0,1),lty="dotted")
  abline(c(0,-1),lty="dotted")
```

function)이다. <그림 3>은 $(-1, -0.25)$ 와 $(0.25, 1)$ 에서 g 의 그래프를 보여준다. f 와 마찬가지로 x 가 0에 가까워짐에 따라 g 도 점점 더 잦은 파동을 보일 것이다. 그렇다면 $x = 0$ 에서 g 는 연결된 그래프가 될 것인가?

$f: A \to B$ 와 $g: C \to D$ 의 합성함수(合成函數, composite function) $g \circ f: A \to D$ 는 다음과 같이 정의 된다 (단, $B \subseteq C$).

$$(g \circ f)(x) = g(f(x)), \quad \text{for every } x \in A .$$

예 6. $$f(x) = \begin{cases} \dfrac{\pi}{x}, & \text{if } x \neq 0 \\ 0, & \text{if } x = 0 \end{cases}, \qquad g(y) = \sin y$$

라고 하자. $g \circ f$ 의 그래프는 어떤 모습일까? 다음과 같음을 알 수 있을 것이다. 즉 예 4의 그래프와 같다.

$$(g \circ f)(x) = \begin{cases} \sin \dfrac{\pi}{x}, & x \neq 0 \\ 0, & x = 0 \end{cases}$$

일대일 함수(one-to-one function) f 의 정의:

$$x_1 \neq x_2 \Rightarrow f(x_1) \neq f(x_2), \quad \text{즉 } f(x_1) = f(x_2) \Rightarrow x_1 = x_2.$$

위로의 함수(onto function) f 의 정의:

$f: A \to B$ 의 치역 $f(A)$ 가 B 와 일치함. 즉, $f(A) = B$.

$f: A \to B$ 가 일대일 함수이면서 위로의 함수이면 역함수(逆函數, inverse function) $g: B \to A$ 를 다음과 같이 정의할 수 있다.

$$g(y) = x, \text{ for } y = f(x).$$

흔히 f 의 역함수를 흔히 f^{-1} 로 표기한다. 따라서

$$(f^{-1} \circ f)(x) = x, \quad (f \circ f^{-1})(y) = y$$

예 7. $f: \mathbb{R} \to \mathbb{R}$, $f(x) = x^3$ 의 역함수는 다음과 같다.

$$f^{-1}: \mathbb{R} \to \mathbb{R}, \quad f^{-1}(y) = \begin{cases} y^{1/3}, & y \geq 0 \\ -|y|^{1/3}, & y < 0 \end{cases}.$$

<그림 4>는 f 와 f^{-1} 의 그래프이다. $y = x$ 를 중심으로 두 그래프가 대칭인 것을 볼 수 있다.

정리 5. $f: A \to B$ 의 그래프와 그것의 역함수 $f^{-1}: B \to A$ 의 그래프는 직선 $y = x$ 를 중심으로 대칭이다.

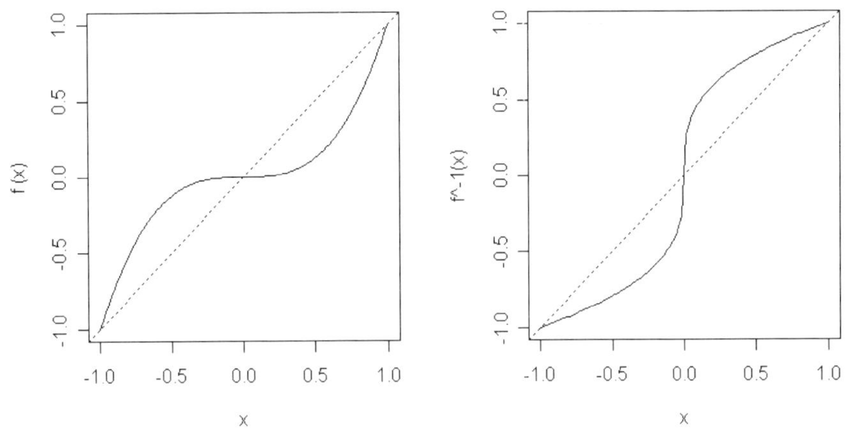

<그림 4> 예 7의 f 와 f^{-1}의 그래프

```
* f <- function(x) x^3
  g <- function(x) sign(x)*abs(x)^(1/3)
  par(mfrow=c(1,2))
  plot(f, -1, 1)
  abline(c(0,1), lty="dotted")
  plot(g, -1, 1, ylab="f^-1(x)")
  abline(c(0,1), lty="dotted")
```

증명. $(x_0, y_0) \in G_f$ 라고 하자 (여기서 G_f는 f 의 그래프). 즉 $y_0 = f(x_0)$. 그러면 $x_0 = f^{-1}(y_0)$. 따라서 $(y_0, x_0) \in G_{f^{-1}}$. 그런데 P: (x_0, y_0)와 Q: (y_0, x_0)는 직선 $y = x$ 를 중심으로 대칭적인 위치에 있다 (왜냐하면 중점 P와 Q의 중점이 $((x_0+y_0)/2, (y_0+x_0)/2)$ 이므로. ☑

예 8. f: $\mathbb{R} \to (0,1)$, $f(x) = 2^x/(1+2^x)$라고 하자. f^{-1}를 구해보자.

$$y = 2^x/(1+2^x) \quad \Rightarrow \quad \frac{y}{1-y} = 2^x \quad \Rightarrow \quad \log_2\left(\frac{y}{1-y}\right) = x.$$

따라서 $f^{-1}(y) = \log_2 \frac{y}{1-y}$, for $-1 < y < 1$. <그림 5>의 그래프는 $y = f(x)$와 $y = f^{-1}(x)$를 보여준다.

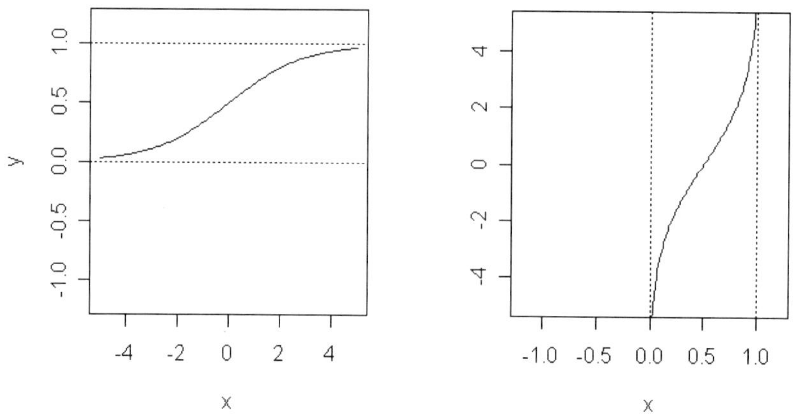

<그림 5> 예 8의 f 와 f^{-1} 의 그래프

```
* f <- function(x) 2^x/(1+2^x)
  g <- function(x) log(x/(1-x), 2)
  par(mfrow=c(1,2))
  plot(f, -5, 5, ylab="y", xlim=c(-5,5), ylim=c(-1.2,1.2))
  abline(h=0, lty="dotted")
  abline(h=1, lty="dotted")
  plot(g, 0.01, 0.99, ylab="", xlim=c(-1.2,1.2), ylim=c(-5,5))
  abline(v=0, lty="dotted")
  abline(v=1, lty="dotted")
```

통계학에서는 $y = 2^x/(1+2^x)$을 “로지스틱 곡선(logistic curve)”, $\log_2\{y/(1-y)\}$를 y의 “로짓 변환(logit transform)”이라고 한다.

$f: A \to B$가 연속함수인 경우 이에 대한 역함수가 존재하기 위하여는 f가 주어진 구간에서 단조증가(單調增加, monotonic increasing) 또는 단조감소(單調減少, monotonic decreasing)하는 함수여야 한다. 함수의 연속성에 대하여는 다음 절에서 명확히 할 것이다.

3절. 함수의 극한과 연속성

함수 $f : A \to B$ 에 대하여 다음과 같이 극한(極限, limit)을 정의한다.

정의: $\lim_{x \to a} f(x) = b$, if and only if,

There exists some $\delta > 0$ such that

$$0 < |x-a| < \delta \text{ implies } |f(x) - b| < \epsilon$$

for any $\epsilon > 0$.

예 9. $f(x) = x^2$ 에 대하여 $\lim_{x \to a} f(x) = a^2$ 이다. 왜냐? 임의의 $\epsilon > 0$ 에 대하여

1) $a \neq 0$ 인 경우: $\delta = \min\{\epsilon/(4|a|), |a|\}$ 로 정의하면

$0 < |x-a| < \delta$ implies

$$|x^2 - a^2| = |x-a| \cdot |x-a+2a| < \delta \cdot 3|a| < \epsilon ,$$

2) $a = 0$ 인 경우: $\delta = \sqrt{\epsilon}/2$ 로 정의하면

$0 < |x| < \delta$ implies $|x^2| < \delta^2 < \epsilon$

이 되기 때문이다.

정리 6. $\lim_{x \to 0} \frac{\sin x}{x} = 1$: <그림 6> 참조

증명: 일단, $x > 0$ 만을 생각하기로 하자. 반경이 1인 원, 원의 중심 O와 원주 상의 점 A와 B를 호로 하는 부채꼴 OAB을 생각하자 (즉, $\overline{OA}$ = 1). 중심 O에서 두 변이 이루는 사이 각을 x 라고 하면 부채꼴 OAB의 면적은 $x/2$ 가 되는데 부채꼴 OAB은 그 안에 내접된 △OAB보다 크다. 또한 이 부채꼴은 O와 A를 꼭지점으로 하면서 ∠A = $\pi/2$ 이고 B를 빗변에 둔 △OAC보다 작다. 이에 따라 다음이 유도된다.

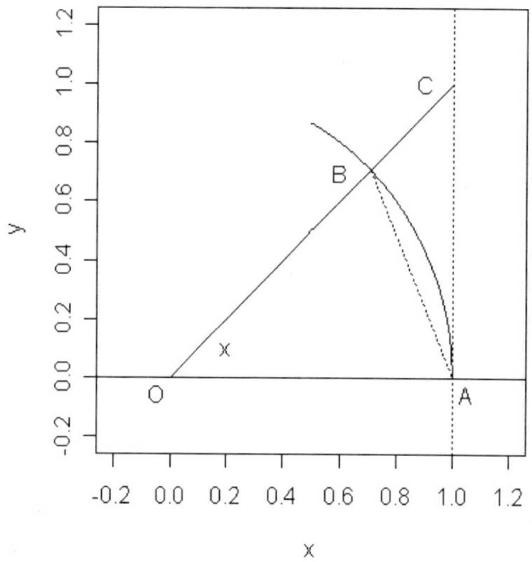

<그림 6> 부채꼴 OAB와 삼각형 OAB, 그리고 삼각형 OAC.

```
* f1 <- function(x) sqrt(1-x^2)
  f2 <- function(x) x
  b <- 1/sqrt(2)
  f3 <- function(x) -b/(1-b)*(x-1)
  plot(f1, 0.5, 1, xlim=c(-0.2, 1.2), ylim=c(-0.2, 1.2), ylab="y")
  par(new=T)
  plot(f2, 0, 1, xlim=c(-0.2, 1.2), ylim=c(-0.2, 1.2), ylab="")
  par(new=T)
  plot(f3, b, 1, xlim=c(-0.2, 1.2), ylim=c(-0.2, 1.2), ylab="",
  lty="dotted")
  abline(h=0)
  abline(v=1, lty="dotted")
  text(-0.05,-0.05,"O")
  text(1.05,-0.05,"A")
  text(0.6,0.7,"B")
  text(0.9,1.0,"C")
  text(0.2, 0.1, "x")
```

$$\frac{1}{2}\sin x < \frac{1}{2}x < \frac{1}{2}\tan x \,.$$

따라서

$$\frac{\sin x}{x} < 1 < \frac{\sin x}{x}\cdot\frac{1}{\cos x}\,.$$

$$\therefore \quad \lim_{x\to 0+}\frac{\sin x}{x} \leqq 1 \leqq \lim_{x\to 0+}\frac{\sin x}{x}\cdot\frac{1}{\cos x}\left(= \lim_{x\to 0+}\frac{\sin x}{x}\right).$$

$$\therefore \quad \lim_{x\to 0+}\frac{\sin x}{x} = 1 \,.$$

그런데, $f(x) = \dfrac{\sin x}{x}$ 는 짝함수이다. 따라서

$$\lim_{x\to 0}\frac{\sin x}{x} = 1 \,.$$ ☑

이 정리에 따라

$$f(x) = \begin{cases} \dfrac{\sin x}{x}, & \text{for } x \neq 0 \\ 1, & \text{for } x = 0 \end{cases}$$

는 $x = 0$ 에서 연결된다. <그림 7>은 함수 f 의 그래프이다.

예 10. $\displaystyle\lim_{x\to 0}\frac{1-\cos x}{x^2} = \lim_{x\to 0}\frac{1-\cos^2 x}{x^2}\cdot\frac{1}{1+\cos x}$

$$= \lim_{x\to 0}\frac{\sin^2 x}{x^2}\cdot\frac{1}{1+\cos x} = 1\cdot\frac{1}{1+1} = 0.5 \,.$$

다음 극한은 통계학에서 자주 활용된다.

- $\displaystyle\lim_{x\to 0}(1+x)^{\frac{1}{x}} = e \,.$

왜냐? 앞에서 $\displaystyle\lim_{n\to\infty}\left(1+\frac{1}{n}\right)^n = e$ 임을 보인바 있다. 앞으로 이를 활용할 것이다. 1) $x > 0$ 인 경우엔

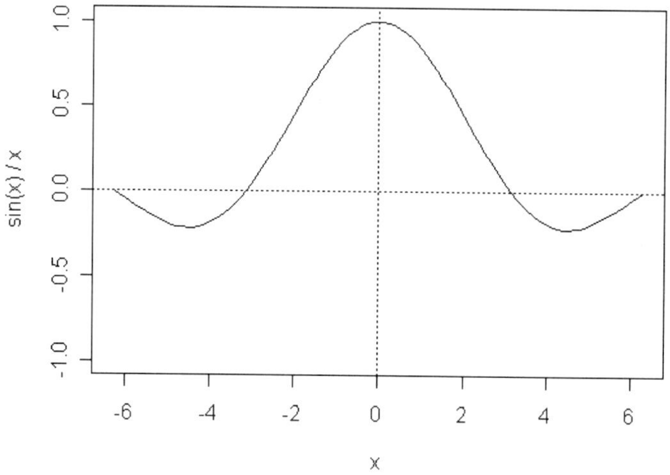

<그림 7> $y = \dfrac{\sin x}{x}$ $(x \neq 0)$의 그래프

```
*  f <- function(x) sin(x)/x
   plot(f, -2*pi, 2*pi, ylim=c(-1,1), ylab="sin(x) / x")
   abline(h=0, v=0, lty="dotted")
```

$$\left[\frac{1}{x}\right] \leqq \frac{1}{x} < \left[\frac{1}{x}\right]+1 \quad \left(\text{or } \frac{1}{[1/x]} \geqq x > \frac{1}{[1/x]+1}\right)$$

이므로

$$(1+x)^{[1/x]} \leqq (1+x)^{1/x} < (1+x)^{[1/x]+1}.$$

따라서

$$\left(1+\frac{1}{[1/x]+1}\right)^{[1/x]} < (1+x)^{1/x} < \left(1+\frac{1}{[1/x]}\right)^{[1/x]+1}.$$

그런데

$$\lim_{x\to 0+}\left(1+\frac{1}{[1/x]+1}\right)^{[1/x]} = e, \quad \lim_{x\to 0+}\left(1+\frac{1}{[1/x]}\right)^{[1/x]+1} = e$$

이므로 (왜?) $\lim_{x\to 0+}(1+x)^{1/x} = e$ 이다.

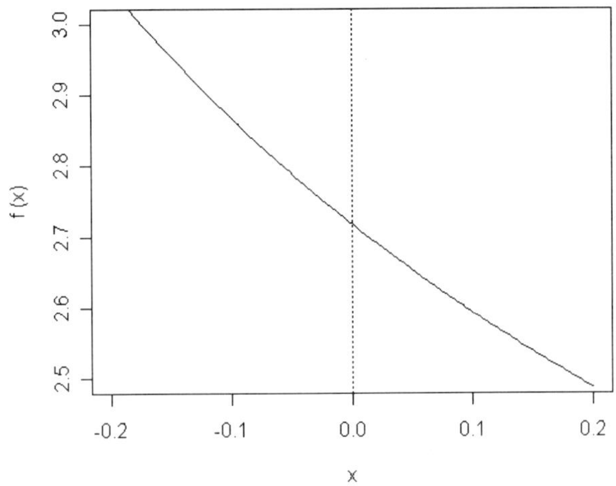

<그림 8> $f(x) = (1+x)^{\frac{1}{x}}$, $x \neq 0$ 의 그래프

```
* f <- function(x) (1+x)^(1/x)
  plot(f, -0.2, -0.0001, xlim=c(-0.2,0.2), ylim=c(2.5,3))
  par(new=T)
  plot(f, 0.0001, 0.2, xlim=c(-0.2,0.2), ylim=c(2.5,3))
  abline(v=0, lty="dotted")
```

2) $x < 0$ 인 경우에는 $y = -x$, $z = \dfrac{y}{1-y}$ 로 놓으면

$$\lim_{x \to 0-} (1+x)^{\frac{1}{x}} = \lim_{y \to 0+} \left(\frac{1}{1-y}\right)^{\frac{1}{y}} = \lim_{z \to 0+} (1+z)^{1+\frac{1}{z}} = e . \qquad ☑$$

<그림 8>은 $f(x) = (1+x)^{\frac{1}{x}}$, $x \neq 0$ 의 그래프를 그린 것이다.

다음은 e 와 관련된 몇 가지 유용한 사실이다.

▪ $\lim_{x \to 0} \frac{1}{x} \log(1+x) = 1$.

왜냐? 앞에서 $\lim_{x \to 0} (1+x)^{\frac{1}{x}} = e$ 임을 보인바 있다. 양변에 로그를 취하면

$$\lim_{x \to 0} \log(1+x)^{\frac{1}{x}} = \log e \ . \qquad ☑$$

▪ $\lim_{x \to 0} \frac{e^x - 1}{x} = 1$.

왜냐? $y = e^x - 1$ 로 두면 $x = \log(1+y)$. 따라서

$$\lim_{x \to 0} \frac{e^x - 1}{x} = \lim_{y \to 0} \frac{y}{\log(1+y)} = \lim_{y \to 0} \frac{1}{\log(1+y)^{\frac{1}{y}}} = \frac{1}{\log e} \ . \qquad ☑$$

다음은 함수의 연속성에 대한 정의이다.

정의: f 가 $x = a$ 에서 연속(連續, continuous)이다.

if and only if 1) $f(a)$ 가 존재한다.

2) $\lim_{x \to a} f(x)$ 가 존재한다.

3) $\lim_{x \to a} f(x) = f(a)$.

이 정의에 따라 f 가 $x = a$ 에서 연속이기 위한 필요충분조건은 다음과 같다.

There exists some $\delta > 0$ such that

$$|x - a| < \delta \text{ implies } |f(x) - f(a)| < \epsilon$$

for any $\epsilon > 0$.

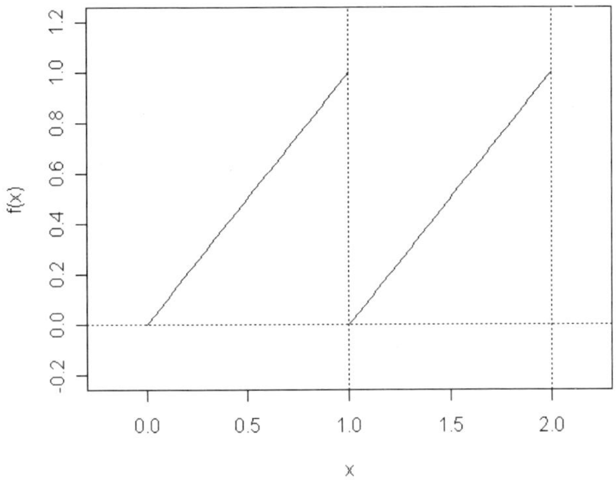

<그림 9> $f(x) = x - [x]$의 그래프

```
* f1 <- function(x) x
  f2 <- function(x) x-1
  plot(f1, 0, 1, xlim=c(-0.2,2.2), ylim=c(-0.2,1.2), ylab="f(x)")
  par(new=T)
  plot(f2, 1, 2, xlim=c(-0.2,2.2), ylim=c(-0.2,1.2), ylab="")
  abline(h=0, v=1, lty="dotted")
  abline(v=2, lty="dotted")
```

예 11. $f(x) = x - [x]$로 정의하자. 여기서 $[x]$는 x를 넘지 않은 최대의 정수이다. 따라서 $f(x)$는 x의 소숫점 이하 부분을 말한다. 이 함수가 $x = 1$에서 연속인가를 검토해보자.

1) $f(1) = 0$ 이다.

2) $\lim_{x \to 1+} f(x) = 0$, $\lim_{x \to 1-} f(x) = 1$.

$f(1.01) = 0.01$, $f(0.99) = 0.99$ 임을 참고하라. $\lim_{x \to 1} f(x)$가 존재하지 않으므로 $f(x)$는 $x = 1$에서 연속이지 않다. <그림 9> 참조.

예 12. 예 4에서 소개한

$$f(x)=\begin{cases}\sin\dfrac{\pi}{x}, & x\neq 0\\ 0, & x=0\end{cases}$$

가 $x=0$에서 연속인가를 검토해보자. 이 함수는 $x=1/(k+0.5)$에서는 $(-1)^k$의 값을 갖는다 ($k=1,2,3,\cdots$). 따라서 어떤 $\delta>0$에 대하여도

$$|x|<\delta \text{ implies } |f(x)-f(0)|<0.5$$

가 되도록 할 수 없다. 왜냐하면 $(-\delta,\delta)$내에 무수히 많은 $1/(k+0.5)$꼴의 숫자들이 존재하기 때문이다. 따라서 f는 $x=0$에서 연속이지 않다.

예 13. 예 5에서 소개한

$$g(x)=\begin{cases}x\sin\dfrac{\pi}{x}, & x\neq 0\\ 0, & x=0\end{cases}$$

가 $x=0$에서 연속인가를 검토해보자. $\delta=\epsilon/2$으로 잡으면,

$$|x|<\delta \text{ implies } \left|x\sin\frac{\pi}{x}\right| \leqq |x| < \delta < \epsilon$$

이다. 따라서 g는 $x=0$에서 연속이다.

정리 7. $f: A\to B$가 연속함수이고 또한 $g: C\to D$가 연속함수라고 하자. 그러면 합성함수 $g\circ f: A\to D$도 연속이다.

이 정리에 대한 증명은 생략하기로 하겠다. 다만, 그 역이 성립하는가를 생각해보자. … 그 역은 성립하지 않는다. 즉, $g\circ f$는 역이라도 f 또는 g는 연속이지 않을 수 있다. 반례(反例, counter example) 하나면 충분할 것이다.

예 14. $f: \mathbb{R}\to\mathbb{R}$와 $g: \mathbb{R}\to\mathbb{R}$를 다음과 같이 정의하자.

$$f(x)=\begin{cases}\frac{1}{x}, & x\neq 0\\ 0, & x=0\end{cases},\qquad g(x)=\begin{cases}\frac{1}{x}, & x\neq 0\\ 0, & x=0\end{cases}.$$

그러면 $(g\circ f)(x)=x$ 가 된다. 따라서 $g\circ f:\mathbb{R}\to\mathbb{R}$는 모든 점에서 연속이다. 그러나 f 와 g 는 $x=0$ 에서 불연속이다.

4절. 여러 가지 함수

역 sine 함수: $f(x)=\sin x$ 는 $\pi/2\leq x\leq\pi/2$ 에서 단조증가하는 연속함수이다. 이에 따라 다음과 같이 역함수를 정의할 수 있다.

$y=\sin x \quad\Leftrightarrow\quad x=\sin^{-1}y$, for $-1\leq y\leq 1$. $\pi/2\leq x\leq\pi/2$.

* $\sin^{-1}y$ 은 "arc sine y"로 읽는다.

역 cosine 함수: $f(x)=\cos x$ 는 $0\leq x\leq\pi$ 에서 단조감소하는 연속함수이다. 이에 따라 다음과 같이 역함수를 정의할 수 있다.

$y=\cos x \quad\Leftrightarrow\quad x=\cos^{-1}y$, for $-1\leq y\leq 1$. $0\leq x\leq\pi$.

* $\cos^{-1}y$ 은 "arc cosine y"로 읽는다.

역 tangent 함수: $f(x)=\tan x$ 는 $-\pi/2<x<\pi/2$ 에서 단조증가하는 연속함수이다. 이에 따라 다음과 같이 역함수를 정의할 수 있다.

$y=\tan x \quad\Leftrightarrow\quad x=\tan^{-1}y$, for $-\infty<y<\infty$. $-\pi/2<x<\pi/2$.

* $\tan^{-1}y$ 은 "arc tangent y"로 읽는다.

arc sine, arc cosine, arc tangent 함수의 그래프는 <그림 10>과 같다.

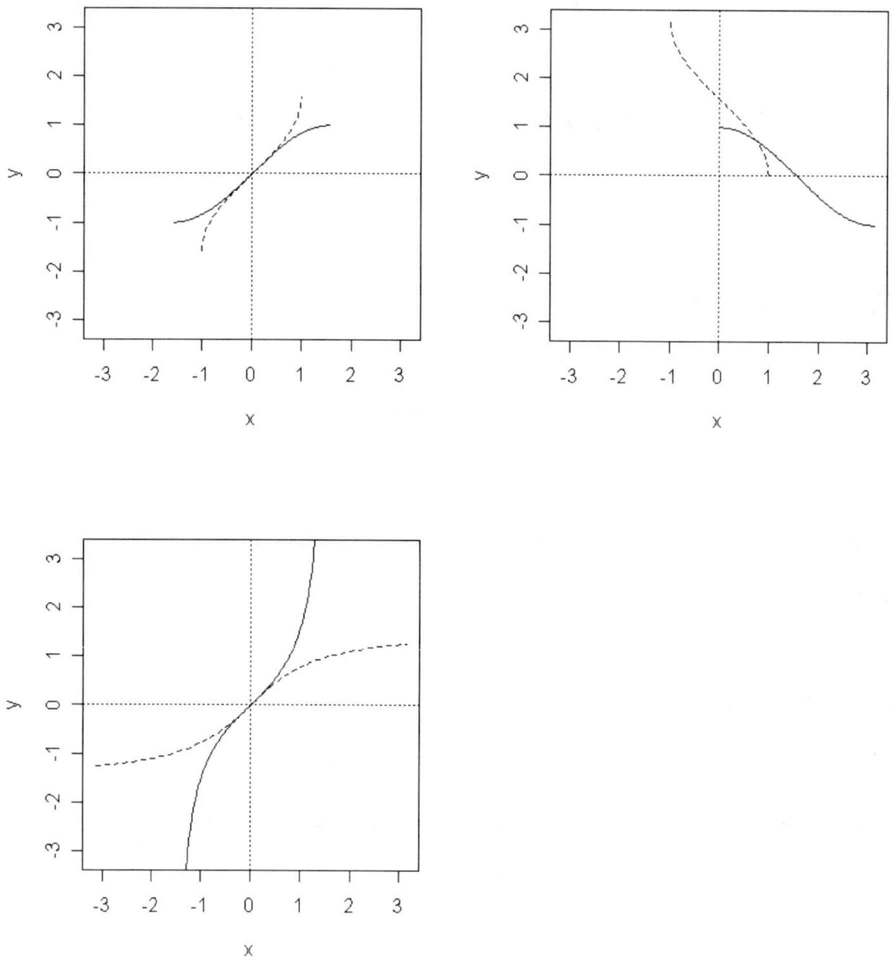

<그림 10> 좌상: sine 함수(실선)와 역 sine 함수(점선)

우상: cosine 함수(실선)와 역 cosine 함수(점선)

하: tangent 함수(실선)와 역 tangent 함수(점선)

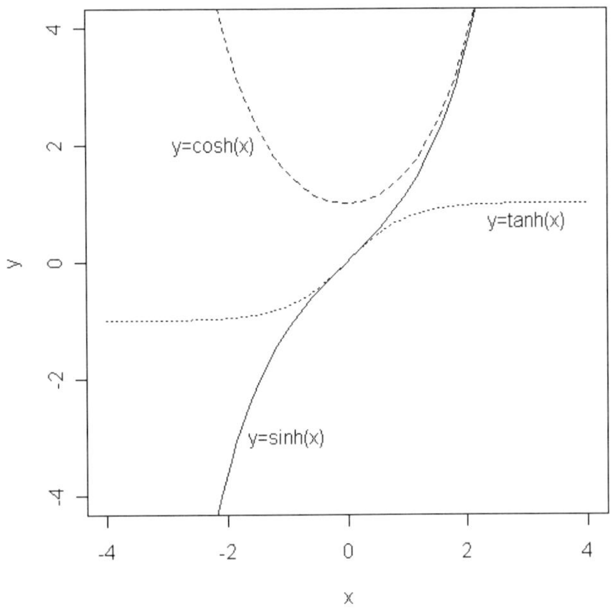

<그림 11> 쌍곡 sine, 쌍곡 cosine, 쌍곡 tangent 함수

* <그림 10>의 R 코드

```
f1 <- function(x) sin(x)
f2 <- function(x) asin(x)
plot(f1, -pi/2,pi/2, ylab="y", xlim=c(-pi,pi), ylim=c(-pi,pi))
par(new=T)
plot(f2, -1, 1, ylab="", xlim=c(-pi/2,pi/2), ylim=c(-pi, pi), lty=2)
abline(h=0, v=0, lty=3)
f1 <- function(x) cos(x)
f2 <- function(x) acos(x)
plot(f1, 0, pi, ylab="y", xlim=c(-pi,pi), ylim=c(-pi,pi))
par(new=T)
plot(f2, -1, 1, ylab="", xlim=c(-pi,pi), ylim=c(-pi, pi), lty=2)
abline(h=0, v=0, lty=3)
f1 <- function(x) tan(x)
f2 <- function(x) atan(x)
plot(f1, -pi/2,pi/2, ylab="y", xlim=c(-pi,pi), ylim=c(-pi,pi))
par(new=T)
plot(f2, -pi, pi, ylab="", xlim=c(-pi,pi), ylim=c(-pi, pi), lty=2)
abline(h=0, v=0, lty=3)
```

* <그림 11>의 R 코드

```
f1 <- function(x) (exp(x)-exp(-x))/2
f2 <- function(x) (exp(x)+exp(-x))/2
f3 <- function(x) f1(x)/f2(x)
plot(f1, -4,4, ylab="y", xlim=c(-4,4), ylim=c(-4,4))
par(new=T)
plot(f2, -4,4, ylab="y", xlim=c(-4,4), ylim=c(-4,4), lty=2)
par(new=T)
plot(f3, -4,4, ylab="y", xlim=c(-4,4), ylim=c(-4,4), lty=3)
text(-1,-3, "y=sinh(x)")
text(-2.2, 2, "y=cosh(x)")
text(3, 0.7, "y=tanh(x)")
```

쌍곡(hyperbolic) sine 함수: $\sinh x = \dfrac{e^x - e^{-x}}{2}$.

쌍곡(hyperbolic) cosine 함수: $\cosh x = \dfrac{e^x + e^{-x}}{2}$.

쌍곡(hyperbolic) tangent 함수: $\tanh x = \dfrac{e^x - e^{-x}}{e^x + e^{-x}}$.

hyperbolic sine, hyperbolic cosine, hyperbolic tangent 함수의 그래프는 <그림 11>과 같다.

이제 매개변수 방정식을 소개하기로 한다.

정의: $x = f(t)$, $y = g(t)$ $(a \leq t \leq b)$로부터 파생되는 x와 y의 관계를 매개변수 방정식(parametric equation)이라고 한다.

예 15. $x = 1 - t$, $y = 2t + 1$라고 하자 $(t \geq 0)$. 그러면, $t = 0$일 때 $(x, y) = (1, 1)$이다. $t = 1 - x$이므로 $y = 2(1-x) + 1 = -2x + 3$이다. 그리고 $t \geq 0$이므로 $1 - x \geq 0$. 즉 x와 y의 관계는 다음과 같다.

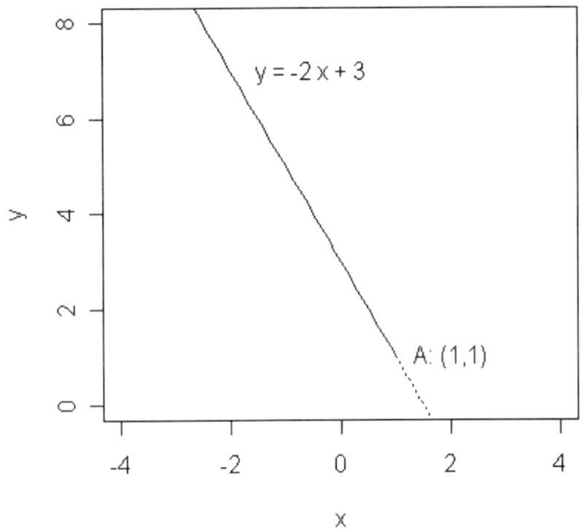

<그림 12> 매개변수 방정식: $x = 1 - t$, $y = 2t + 1$ for $t \geq 0$.

```
* h <- function(x) -2*x+3
  plot(h, -4,1, ylab="y", xlim=c(-4,4), ylim=c(0,8))
  par(new=T)
  plot(h, 1,4, ylab="y", xlim=c(-4,4), ylim=c(0,8), lty=3)
  text(2, 1, "A: (1,1)")
  text(-0.5, 7, "y = -2 x + 3")
```

$$y = -2x + 3, \quad x \leq 1.$$

<그림 12>를 보라 (A에서 시작).

예 16. $x = 3\sin t$, $y = 2\cos t$ 라고 하자 ($\pi/6 \leq t \leq \pi$). 그러면, $t = \pi/6$ 일 때 $(x, y) = (1.5, \sqrt{3})$ 이고 $t = \pi$ 일 때 $(x, y) = (0, -1)$, 그리고

$$1 = \cos^2 t + \sin^2 t = \left(\frac{y}{2}\right)^2 + \left(\frac{x}{3}\right)^2. \quad \therefore \; y = \pm 2\sqrt{1 - \left(\frac{x}{3}\right)^2}.$$

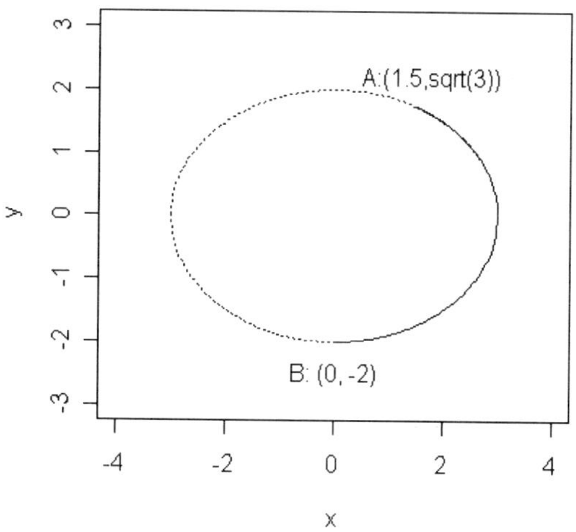

<그림 13> 매개변수 방정식: $x = 3\sin t$, $y = 2\cos t$, for $\pi/6 \leqq t \leqq \pi$.

```
* h1 <- function(x)  2* sqrt(1-(x/3)^2)
  h2 <- function(x) -2* sqrt(1-(x/3)^2)
  plot(h1, 1.5, 3, ylab="y", xlim=c(-4,4), ylim=c(-3,3))
  par(new=T)
  plot(h2, 0, 3, ylab="y", xlim=c(-4,4), ylim=c(-3,3))
  par(new=T)
  plot(h2, -3, 0, ylab="y", xlim=c(-4,4), ylim=c(-3,3), lty=3)
  par(new=T)
  plot(h1, -3, 1.5, ylab="y", xlim=c(-4,4), ylim=c(-3,3), lty=3)
  text(1.75, 2.2, "A:(1.5,sqrt(3))")
  text(0, -2.5, "B: (0, -2)")
```

그런데 $\pi/6 \leqq t \leqq \pi/2$ 에서는 $1.5 \leqq x \leqq 3$, $2\sqrt{3} \geqq y \geqq 0$.

$\pi/2 \leqq t \leqq \pi$ 에서는 $3 \geqq x \geqq 0$, $0 \geqq y \geqq -1$.

따라서 x 와 y 의 관계는 <그림 13>과 같다 (A에서 시작, B에 종착).

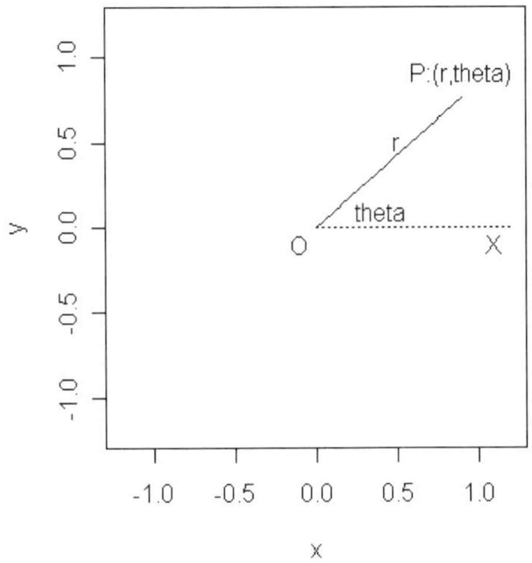

<그림 14> 극좌표계에서 P:(r, θ)

```
* h1 <- function(x) 0.85*x
  h2 <- function(x) 0*X
  plot(h1, 0, 0.9, ylab="y", xlim=c(-1.2,1.2), ylim=c(-1.2,1.2))
  par(new=T)
  plot(h2, 0, 1.2, ylab="y", xlim=c(-1.2,1.2), ylim=c(-1.2,1.2),
       lty=3)
  text(-0.1, -0.1, "O")
  text(1.1, -0.1, "X")
  text(0.9, 0.9, "P:(r,theta)")
  text(0.4, 0.1, "theta")
  text(0.5, 0.5, "r")
```

극좌표 방정식: 극좌표계(polar coordinate system)에서는 점 P의 위치를 원점 O로부터의 거리 r과 기선 OX와 OP가 이루는 각 θ로 표현한다 ($r \geq 0$, $0 \leq \theta < 2\pi$). 그리고 "P: (r, θ)"로 표기한다. <그림 14>를 보라.

P의 직교좌표계(rectangular coordinate system) 표현 (x, y)는 다음과 같이 r과 θ로 표현된다.

$$x = r\cos\theta, \quad y = \sin\theta.$$

그리고 r 과 θ 는 다음과 같이 x 와 y 로 표현된다.

$$r = \sqrt{x^2 + y^2}, \ \tan\theta = \frac{y}{x}.$$

앞 식의 $\tan\theta = y/x$ 로부터 θ 를 정할 때는 (x, y) 가 속한 사분면(quadrant)을 고려하여야 한다. 즉 (x, y) 가 제1 사분면에 있을 때는 $0 \leqq \theta < \pi/2$ 로서 $\tan\theta = y/x$ 를 만족하는 θ 를, (x, y) 가 제3 사분면에 있을 때 $\pi \leqq \theta < 3\pi/2$ 로서 $\tan\theta = y/x$ 를 만족하는 θ 를 선택하여야 한다. (x, y) 가 제2 사분면에 있을 때는 $\pi/2 \leqq \theta < \pi$ 로서, (x, y) 가 제4 사분면에 있을 때는 $3\pi/2 \leqq \theta < 2\pi$ 로서 $\tan\theta = y/x$ 를 만족하는 θ 를 선택하여야 한다.

예 17. 극좌표로서 $(2, \pi/6)$ 은 직교좌표로

$$x = 2 \cdot \cos\pi/6 = \sqrt{3}, \ y = 2 \cdot \sin\pi/6 = 1$$

가 된다. 직교좌표로 $(\sqrt{3}, 1)$ 은 극좌표로 바꾸면 다음과 같다.

$$r = \sqrt{(\sqrt{3})^2 + 1^2} = 2, \quad \tan\theta = 1/\sqrt{3} \ \Rightarrow \ \theta = \pi/6.$$

예 18. 극좌표 방정식 $r = 1$ 은 반경이 1인 원이다. 즉

$$r^2 = 1 \quad \Leftrightarrow \quad x^2 + y^2 = 1.$$

직교좌표계에서 y 는 x 의 함수가 아니다 ($\because \ -1 < x < 1$ 에 대응하는 y 가 2개이므로). 그러나 극좌표계에서 r 은 θ 의 함수이다.

예 19. 직교좌표계에서 직선의 방정식 $\frac{x}{a} + \frac{y}{b} = 1$ 을 극좌표 방정식으로 표현해보자. $\frac{x}{a} + \frac{y}{b} = 1$ 은 다음과 같이 r 과 θ 로 표현된다.

$$r\cos\theta \cdot \frac{b}{\sqrt{a^2 + b^2}} + r\sin\theta \cdot \frac{a}{\sqrt{a^2 + b^2}} = \frac{ab}{\sqrt{a^2 + b^2}}$$

$\cos\alpha = \dfrac{a}{\sqrt{a^2+b^2}}$, $\sin\alpha = \dfrac{b}{\sqrt{a^2+b^2}}$ 가 되도록 α 를 선택하면 위 식이

$$r\cos\theta\sin\alpha + r\sin\theta\cos\alpha = \frac{a\,b}{\sqrt{a^2+b^2}}.$$

$$\therefore\ r\sin(\theta+\alpha) = \frac{a\,b}{\sqrt{a^2+b^2}}$$ (삼각함수의 덧셈정리, 아래).

삼각함수의 덧셈정리 (addition formula)

- $\sin(\alpha+\beta) = \sin\alpha\cdot\cos\beta + \cos\alpha\cdot\sin\beta$
- $\cos(\alpha+\beta) = \cos\alpha\cdot\cos\beta - \sin\alpha\cdot\sin\beta$

이에 대한 증명은 고교 교과서《미분과 적분》(제 1장)으로 넘기기로 한다. 이를 기초로 다음의 배각 공식을 쉽게 유도할 수 있다.

- $\sin(2\theta) = 2\sin\theta\cdot\cos\theta$
- $\cos(2\theta) = \cos^2\theta - \sin^2\theta$

5절.* 수치적분

구간 $[a,b]$ 에서 정의된 연속함수 f 에 대한 적분을

$$\int_a^b f(x)\,dx \quad (=S)$$

로 표기하는데 이것은 $y=f(x)$ 와 $y=0$, 그리고 $x=a$ 와 $x=b$ 로 둘러싸인 도형의 면적을 의미한다. 여기서는 이것을 구하는 수치적 방법을 설명하기로 한다 (해석적인 방법은 3장에서 다룬다).

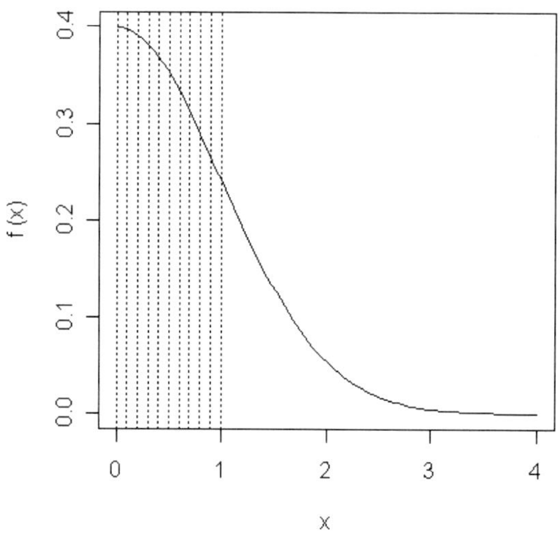

<그림 15> 수치적분: $f(x) = \frac{1}{\sqrt{2\pi}} e^{-\frac{x^2}{2}}$ 를 $x = 0$ 에서 1까지 적분하기

```
* f <- function(x) 1/sqrt(2*pi) * exp(-x^2/2)
  plot(f,0,4)
  for (i in 0:10)
  {
      x <- i/10
      abline(v=x, lty="dotted")
  }
```

<그림 15>에서 보듯이 수치적으로 면적을 구하는 (즉, 적분을 하는) 기본 방법은 구간 $[a,b]$ 을 n 등분하여 생기는 좁은 폭의 막대 기둥을 모으는 것이다. 그러면

$$\int_a^b f(x)\,dx = \sum_{i=1}^{n} \int_{a+h(i-1)}^{a+hi} f(x)\,dx$$

로 표현가능하다. 여기서 $h = \frac{b-a}{n}$.

문제는 $\int_{a+h(i-1)}^{a+hi} f(x)\,dx$ 를 어떻게 구하느냐에 있다.

<u>사다리꼴 공식</u>(trapezoidal rule):

구간 $[a+(i-1)h, a+ih]$의 양끝 점에서 함수값을 $f(a+(i-1)h), f(a+ih)$ 라고 하자. 구간 내에서 함수 $f(x)$를 선형으로 근사하면

$$\int_{a+h(i-1)}^{a+hi} f(x)\,dx \quad (= S_i)$$

는 사다리꼴의 면적으로 근사시킬 수 있다:

$$S_i \simeq \frac{h}{2}(f(a+(i-1)h)+f(a+ih)).$$

즉, 막대기둥의 평균 높이를 $\frac{1}{2}f(a+(i-1)h)+\frac{1}{2}f(a+ih)$로 잡는다. 이에 따라

$$\int_a^b f(x)\,dx \simeq \sum_{i=1}^{n} \frac{h}{2}(f(a+(i-1)h)+f(a+ih)).$$

<u>심프슨의 공식</u>(Simpson's rule):

사다리꼴 공식보다 나은 방법은 구간 $[a+(i-1)h, a+ih]$의 양끝 점의 함수값인 $f(a+(i-1)h), f(a+ih)$외에 구간의 중간점인 $x=a+(i-0.5)h$에서 함수 값인 $f(a+(i-0.5)h)$를 추가로 활용하는 심프슨의 공식이다:

$$\int_{a+h(i-1)}^{a+hi} f(x)\,dx \simeq \frac{h}{6}(f(a+(i-1)h)+4f(a+(i-0.5)h)+f(a+ih)).$$

즉, 막대기둥의 평균 높이를 $\frac{1}{6}f(a+(i-1)h)+\frac{4}{6}f(a+(i-0.5)h)+\frac{1}{6}f(a+ih)$로 잡는다 (그 이유에 대하여는 3장의 적분을 익힌 후 두꺼운 Calculus 책을 참고하라). 이에 따라

$$\int_a^b f(x)\,dx \simeq \sum_{i=1}^{n} \frac{h}{6}(f(a+(i-1)h)+4f(a+(i-0.5)h)+f(a+ih)).$$

예 20. 수치적으로 $\int_0^1 \frac{1}{\sqrt{2\pi}} e^{-\frac{x^2}{2}} dx$ 를 구해보자. <그림 15> 참조.

$a=0, b=1$ 이다. $n=10$ 으로 하면 $h=0.1$ 이 된다.

1) 사다리꼴 공식: $\int_0^1 \frac{1}{\sqrt{2\pi}} e^{-\frac{x^2}{2}} dx \simeq 0.3411$.

* R 프로그램

```
f <- function(x) 1/sqrt(2*pi) * exp(-x^2/2)
a <- 0;  b <- 1
sum <- 0
n <- 10
h <- (b-a)/n
x <- seq(a,b,h)
for (i in 1:n)
sum <- sum + h/2* (f(x[ i] )+f(x[ i+1] ))
round(sum,4)
```

2) 심프슨의 공식: $\int_0^1 \frac{1}{\sqrt{2\pi}} e^{-\frac{x^2}{2}} dx \simeq 0.3413$.

```
* f <- function(x) 1/sqrt(2*pi) * exp(-x^2/2)
  a <- 0;  b <- 1
  sum <- 0
  n <- 10
  h <- (b-a)/n
  x <- seq(a,b,h)
  for (i in 1:n)
  sum <- sum + h/6* (f(x[ i] )+4*f((x[ i] +x[ i+1] )/2)+f(x[ i+1] ))
  round(sum,4)
```

보다 정확한 값은 후자인 0.3413이다. $n=100$으로 하면 사다리꼴 공식으로도 이 값을 얻을 수 있다. 이 적분 값은 표준정규변량 Z가 0과 1사이의 값을 취할 확률이다. 즉 $Z \sim N(0,1)$일 때

$$P\{0 \leqq Z \leqq 1\} = 0.3413.$$

2장. 미분

수학에서 미분은 부드러운 함수의 특성을 이해하는 한 방법이다. 통계학에서 미분은 확률모형의 파라미터를 추정해내는데 있어 기본적인 유용한 도구이다.

1절. 미분의 기초: 도함수

함수 f가 (a,b)에서 정의되어 있다고 하자. $c \in (a,b)$에 대하여

$$\lim_{h\to 0} \frac{1}{h}\{f(c+h)-f(c)\}$$

가 존재하면 함수 f가 $x=c$에서 미분가능하다(differentiable)고 하고 앞의 극한을 미분계수(differential coefficient) $f'(c)$로 표기한다.

(a,b)내의 모든 점에서 미분가능한 경우 함수

$$f' : (a,b) \to \mathbb{R}, \quad f'(x) = \lim_{h\to 0} \frac{1}{h}\{f(x+h)-f(x)\}$$

를 f의 도함수(導函數, derivative)라고 한다. f를 미분한다(differentiate)는 말은 f로부터 f'를 유도함을 의미한다.

예 1. 상수 함수, 1차 함수 및 2차 함수의 미분

1) $f_0 : \mathbb{R} \to \mathbb{R}$, $f_0(x) = k$라고 하자 (k는 상수). 그러면

$$f_0'(x) = \lim_{h\to 0} \frac{1}{h}\{f_0(x+h)-f_0(x)\} = \lim_{h\to 0} \frac{1}{h}\{k-k\} = 0.$$

2) $f_1 : \mathbb{R} \to \mathbb{R}$, $f_1(x) = x$라고 하자. 그러면

$$f_1'(x) = \lim_{h\to 0} \frac{1}{h}\{f_1(x+h) - f_1(x)\} = \lim_{h\to 0} \frac{1}{h}\{x+h-x\} = 1.$$

3) $f_2: \mathbb{R} \to \mathbb{R}$, $f_2(x) = x^2$ 라고 하자. 그러면

$$f_2'(x) = \lim_{h\to 0} \frac{1}{h}\{f_2(x+h) - f_2(x)\} = \lim_{h\to 0} \frac{1}{h}\{(x+h)^2 - x^2\}$$

$$= \lim_{h\to 0} \frac{1}{h}\{2xh + h^2\} = 2x.$$

미분계수 $f'(c)$는 $x = c$에서 함수 f에 대한 접선(接線, tangent line)의 기울기를 의미한다. <그림 1>을 보라. P:(1,1)에서의 미분계수 $f'(1)$는

$$f'(1) \simeq \frac{f(1+h) - f(1)}{(1+h)-1}, \quad \text{for very small } h$$

= 작은 h 변화로 인한 "y의 변위 / x의 변위"

이기 때문이다. 일반적으로 $x = c$에서 함수 f에 대한 접선의 방정식은

$$y = f(c) + f'(c)(x-c)$$

이다.

예 2. 미분불가능(non-differentiable) 함수, $f(x) = |x|$.

모든 함수가 미분가능한 것은 아니다. 이 함수에 대하여

$$\lim_{h\to 0+} \frac{1}{h}\{f(h) - f(0)\} = \lim_{h\to 0+} \frac{1}{h}\{+h\} = 1,$$

$$\lim_{h\to 0-} \frac{1}{h}\{f(h) - f(0)\} = \lim_{h\to 0-} \frac{1}{h}\{-h\} = -1$$

이므로

$$\lim_{h\to 0} \frac{1}{h}\{f(h) - f(0)\}$$

가 존재하지 않는다. 따라서 이 함수는 $x = 0$에서 미분가능하지 않다 (다른 값에서는 미분가능하다). 그 의미를 이 함수의 그래프인 <그림 2>에서 살펴보

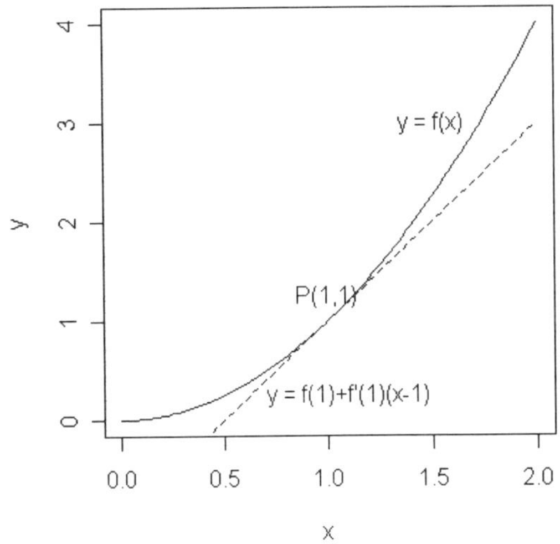

<그림 1> $y = f(x)$와 P:(1,1)에서의 접선

* R 코드:
```
f <- function(x) x^2
plot(f, 0, 2, ylim=c(0,4), ylab="y")
par(new=T)
plot(x, 0, 2, ly=2)
f1 <- function(x) 1+2*(x-1)
plot(f1, 0, 2, lty=2, ylim=c(0,4), ylab="")
text(1.5, 3, "y = f(x)")
text(1.1, 0.25, "y = f(1)+f'(1)(x-1)")
text(1,1.25, "P(1,1)")
```

면, $x=0$ 근방에서 $|x|$의 오른 쪽 기울기는 1이고 왼쪽 기울기는 -1로 일치하지 않는다. 그래서 $x=0$에서 이 함수는 뾰족한 모습을 보인다.

몇 개의 기초 함수에 대한 도함수

- $\dfrac{d}{dx}\,x^{n} = n\,x^{n-1}$,　여기서 $n = 1, 2, 3, \cdots$ (자연수).

  증명. $n = 1$인 경우는 예 1에서 다룬바 있다. $n = 2, 3, \cdots$ 에 대하여

$$\begin{aligned}\frac{d}{dx}\,x^{n} &= \lim_{h\to 0}\frac{1}{h}\{(x+h)^{n} - x^{n}\}\\ &= \lim_{h\to 0}\frac{1}{h}\left\{x^{n} + \binom{n}{1}x^{n-1}h + \binom{n}{2}x^{n-2}h^{2} + \cdots + \binom{n}{n}x^{0}h^{n} - x^{n}\right\}\\ &= \binom{n}{1}x^{n-1} = n\,x^{n-1}.\end{aligned}$$

☑

- $\dfrac{d}{dx}\,e^{x} = e^{x}$.

  증명. $\displaystyle\lim_{h\to 0}\frac{1}{h}(e^{h} - 1) = 1$ 이므로

$$\frac{d}{dx}\,e^{x} = \lim_{h\to 0}\frac{1}{h}\left(e^{x+h} - e^{x}\right) = e^{x}\lim_{h\to 0}\frac{1}{h}(e^{h} - 1) = e^{x}.$$

☑

- $\dfrac{d}{dx}\log x = \dfrac{1}{x}$.

  증명. $\displaystyle\lim_{h\to 0}(1+h)^{\frac{1}{h}} = e$ $(= 2.71828\cdots)$이므로

$$\begin{aligned}\frac{d}{dx}\,e^{x} &= \lim_{h\to 0}\frac{1}{h}\{\log(x+h) - \log x\} = \lim_{h\to 0}\frac{1}{h}\left\{\log\left(1+\frac{h}{x}\right)\right\}\\ &= \frac{1}{x}\lim_{h\to 0}\frac{x}{h}\left\{\log\left(1+\frac{h}{x}\right)\right\}\\ &= \frac{1}{x}\lim_{h\to 0}\left\{\log\left(1+\frac{h}{x}\right)^{\frac{x}{h}}\right\} = \frac{1}{x}\log e = \frac{1}{x}\end{aligned}$$

☑

- $\frac{d}{dx}\sin x = \cos x$.

증명. $\lim_{h\to 0}\frac{\sin h}{h} = 1$, $\sin(a+b) = \sin a\cos b + \cos a\sin b$ 이므로

$$\frac{d}{dx}\sin x = \lim_{h\to 0}\frac{1}{h}\{\sin(x+h) - \sin x\}$$

$$= \lim_{h\to 0}\frac{1}{h}\{\sin x\cos h + \cos x\sin h - \sin x\}$$

$$= \lim_{h\to 0}\frac{1}{h}\cos x\sin h = \cos x .$$ ☑

- $\frac{d}{dx}\cos x = -\sin x$.

증명. $\lim_{h\to 0}\frac{\sin h}{h} = 1$, $\cos(a+b) = \cos a\cos b - \sin a\sin b$ 이므로

$$\frac{d}{dx}\cos x = \lim_{h\to 0}\frac{1}{h}\{\cos(x+h) - \cos x\}$$

$$= \lim_{h\to 0}\frac{1}{h}\{\cos x\cos h - \sin x\sin h - \cos x\}$$

$$= -\lim_{h\to 0}\frac{1}{h}\sin x\sin h = -\sin x .$$ ☑

비슷한 방법으로 다음을 쉽게 보일 수 있다 (증명은 각자 해볼 것).

- $\frac{d}{dx}a^x = a^x\log a$, for $a > 0$.

- $\frac{d}{dx}\log_a x = \frac{1}{x}\cdot\frac{1}{\log a}$, for $a > 0$.

<u>미분 방법</u>

$f(x)$와 $g(x)$가 미분가능한 함수라고 하자. 다음 공식을 적용하여 $f(x)$와 $g(x)$가 복합된 함수에 대한 미분을 쉽게 할 수 있다 (증명이 되어 있지 않은 것은 각자 해보기 바람).

- $\frac{d}{dx}\{a f(x)\} = a \cdot \frac{d}{dx} f(x)$, for constant a .

증명. $\frac{d}{dx}\{a f(x)\} = \lim_{h \to 0} \frac{1}{h}\{a f(x+h) - a f(x)\}$

$$= a \lim_{h \to 0} \frac{1}{h}\{f(x+h) - f(x)\} = a \cdot \frac{d}{dx} f(x)$$ ☑

- $\frac{d}{dx}\{f(x) \pm g(x)\} = \frac{d}{dx} f(x) \pm \frac{d}{dx} g(x)$.

- $\frac{d}{dx}\{f(x) \cdot g(x)\} = \frac{d}{dx} f(x) \cdot g(x) + f(x) \cdot \frac{d}{dx} g(x)$.

증명. $\frac{d}{dx}\{f(x) \cdot g(x)\} = \lim_{h \to 0} \frac{1}{h}\{f(x+h)\,g(x+h) - f(x)\,g(x)\}$

$$= \lim_{h \to 0} \frac{1}{h}\{f(x+h)\,g(x+h) - f(x+h)\,g(x)\}$$

$$+ \lim_{h \to 0} \frac{1}{h}\{f(x+h)\,g(x) - f(x)\,g(x)\}$$

$$= f(x) \cdot \frac{d}{dx} g(x) + \frac{d}{dx} f(x) \cdot g(x)$$ ☑

- $\frac{d}{dx}\left\{\frac{f(x)}{g(x)}\right\} = \frac{1}{g(x)^2}\left\{\frac{d}{dx} f(x) \cdot g(x) - f(x) \cdot \frac{d}{dx} g(x)\right\}$.

예 3. $\frac{d}{dx} x e^x = \frac{d}{dx} x \cdot e^x + x \cdot \frac{d}{dx} e^x = 1 \cdot e^x + x \cdot e^x = (x+1) e^x$.

예 4. $\frac{d}{dx}\tan x = \frac{d}{dx}\left\{\frac{\sin x}{\cos x}\right\}$

$$= \frac{1}{\cos^2 x}\left\{\frac{d}{dx}\sin x \cdot \cos x - \sin x \cdot \frac{d}{dx}\cos x\right\}$$

$$= \frac{1}{\cos^2 x}\{\cos x \cdot \cos x - \sin x \cdot (-\sin x)\}$$

$$= \frac{1}{\cos^2 x} \ (= \sec^2 x).$$ ☑

다음 정리는 합성함수에 대한 미분 방법을 알려준다.

<u>연쇄법칙</u> (chain rule).

함수 $f: A \to B$ 와 $g: C \to D$ 에 의해 합성함수 $g \circ f: A \to D$ 가 정의된다고 하자. f 와 g 가 미분가능하면 $g \circ f$ 도 미분가능하다. 그리고 도함수는 다음과 같이 얻어진다.

$$(g \circ f)'(x) = g'(f(x))f'(x).$$

증명. $(g \circ f)'(x) = \lim_{h \to 0} \frac{1}{h}\{g(f(x+h)) - g(f(x))\}$

인데 $k = f(x+h) - f(x)$, $y = f(x)$ 로 정의하면

$$(g \circ f)'(x) = \lim_{h \to 0} \frac{1}{h}\{g(y+k)) - g(y)\}$$

$$= \lim_{h \to 0} \frac{1}{k}\{g(y+k)) - g(y)\}\frac{k}{h}.$$

$\lim_{h \to 0}\{f(x+h) - f(x)\} = 0$ 이므로

$$(g \circ f)'(x)$$

$$= \lim_{h \to 0 \text{ and } k \to 0} \frac{1}{k}\{g(y+k)) - g(y)\}\frac{1}{h}\{f(x+h)) - f(x)\}$$

$$= g'(y)f'(x) = g'(f(x))f'(x).$$ ☑

예 5. $h(x) = 2(3x^2+2x+1)^4$ 의 도함수를 구하라.

풀이. $f(x) = 3x^2+2x+1$ $(= y)$, $g(y) = 2y^4$ 라고 하면

$$h(x) = (g \circ f)'(x)$$

$$f'(x) = 6x+2, \quad g'(y) = 8y^3$$

$$\therefore \quad h'(x) = 8(3x^2+2x+1)^3(6x+2).$$ ☑

<u>멱 함수의 미분</u> (power rule)

$$\frac{d}{dx}x^a = ax^{a-1}, \quad x > 0. \quad \text{모든 실수 } a\text{에 대하여.}$$

증명. 연쇄법칙을 써서 쉽게 증명할 수 있다 (힌트: $x^a = e^{a\log_e x}$ for $x > 0$).

<u>역함수의 미분</u> (differentiation of the inverse function).

함수 $f: A \to B$ 에 대한 역함수를 $g: B \to C$ 라고 하자. f 가 미분가능하면 g 도 미분가능하고

$$g'(y) = \frac{1}{f'(x)}.$$

증명. $(g \circ f)(x) = x$ 이므로 $(g \circ f)'(x) = 1$. 합성함수의 미분법에 의하면

$$(g \circ f)'(x) = g'(y)f'(x).$$

따라서 $g'(y) = 1/f'(x)$. ☑

예 6. $f(x) = \sin x$, $-\frac{\pi}{2} \leq x \leq \frac{\pi}{2}$ 라고 하자. $\sin^{-1\prime}(0.5)$ 를 구해보자.

풀이. $\sin(\pi/6) = 0.5$, $\sin^{-1\prime}(y) = 1/\sin'(x) = 1/\cos x$.

$$\therefore \quad \sin^{-1\prime}(0.5) = 1/\cos(\pi/6) = 2/\sqrt{3}.$$ ☑

매개변수 방정식의 미분 (differentiation of the parametric equation).

$x = f(t)$ 와 $y = g(t)$ 가 미분가능하고 $f'(t) \neq 0$ 이면

$$\frac{dy}{dx} = \frac{g'(t)}{f'(t)}.$$

증명. $\dfrac{dy}{dx} = \lim\limits_{h\to 0} \dfrac{g(t+h)-g(t)}{f(t+h)-f(t)} = \lim\limits_{h\to 0} \dfrac{(g(t+h)-g(t))/h}{(f(t+h)-f(t))/h} = \dfrac{g'(t)}{f'(t)}.$ ☑

예 7. $x = 3\cos t$, $y = 2\sin t$ $(0 \leqq t \leqq 2\pi)$라고 하자. $t = \pi/3$일 때 $(x, y) = (3/2, \sqrt{3})$을 지난다. 이 점에서 접선의 기울기는?

풀이. $\dfrac{dy}{dx} = \dfrac{g'(t)}{f'(t)} = -\dfrac{2\cos t}{3\sin t} = -\dfrac{2}{3\sqrt{3}}.$ ☑

음함수(implicit function)의 미분

$G(x, y) = 0$ 의 형태로 표현된 y 에 대한 x 의 음함수에서 $\dfrac{dy}{dx}$ 를 구해야 할 필요가 있는 경우엔 양변을 미분하여 $\dfrac{dy}{dx}$ 를 얻을 수 있다.

예 8. 예 7의 매개변수 방정식은 다음과 같은 매개변수 방정식으로 표현된다.

$$\frac{x^2}{9} + \frac{y^2}{4} = 1.$$

이 방정식 상의 한 점 $(3/2, \sqrt{3})$에서 접선의 기울기는?

풀이. 양변을 x 로 미분하면

$$\frac{d}{dx}\frac{x^2}{9} + \frac{d}{dx}\frac{y^2}{4} = 0.$$

$$\therefore \frac{d}{dx}\frac{x^2}{9} + \frac{d(y^2/4)}{dy}\frac{dy}{dx} = 0 \quad (\leftarrow \text{ 연쇄법칙}).$$

$$\therefore \frac{2}{9}x + \frac{2}{4}y\frac{dy}{dx} = 0 \quad \text{or} \quad \frac{dy}{dx} = -\frac{4}{9}\frac{x}{y} = -\frac{2}{3\sqrt{3}}.$$ ☑

<u>미분을 활용한 근사</u> (approximation using differentiation)

함수 f 가 미분가능하면

$$f'(x) = \lim_{h \to 0} \frac{1}{h}\{f(x+h) - f(x)\}.$$

$$\therefore\ f'(x) \simeq \frac{1}{h}\{f(x+h) - f(x)\},\ \text{for small } h.$$

따라서 다음 근사식이 성립한다.

$$f(x+h) \simeq f(x) + f'(x)h,\ \text{for small } h.$$

예 9. $\sqrt{1.1}$ 는 대략 얼마인가?

풀이. $f(x) = \sqrt{x}$ 로 놓으면 $f'(x) = \dfrac{1}{2\sqrt{x}}$. 따라서

$$\sqrt{x+h} \simeq \sqrt{x} + \frac{1}{2\sqrt{x}}h.$$

$x = 1$, $h = 0.1$ 을 넣으면

$$\sqrt{1.1} \simeq 1 + \frac{1}{2}0.1 = 1.05.$$

계산기로 $\sqrt{1.1}$ 를 구해보면 1.0488 이다. ☑

예 10. $\log 0.9$ 는 대략 얼마인가?

풀이. $f(x) = \log x$ 로 놓으면 $f'(x) = \dfrac{1}{x}$. 따라서

$$\log(x+h) \simeq \log x + \frac{h}{x}.$$

$x = 1$, $h = -0.1$ 을 넣으면

$$\log 0.9 \simeq \log 1 + \frac{-0.1}{1} = -0.1.$$

계산기로 $\log 0.9$ 를 구해보면 -0.1054 이다. ☑

2절. 평균값 정리와 로피탈의 법칙

다음 두 정리는 고등학교 수학에도 나오는 것으로 매우 중요하다.

Rolle의 정리: <그림 3> 참조.

함수 f가 $[a,b]$에서 연속이고 (a,b)에서 미분가능하다고 하자. $f(a) = f(b)$이면 $f'(c)=0$이 되는 c가 (a,b)내에 존재한다.

증명. f가 $[a,b]$에서 상수함수인 경우 모든 $c \in (a,b)$에 대하여 $f'(c)=0$. f가 $[a,b]$에서 상수함수가 아니라면 f가 어떤 값 $c \in (a,b)$에서 최대값 (또는 최소값)을 가질 것이다. 그러면

$$f(c) \geqq f(x) \quad (\text{또는 } f(c) \leqq f(x)), \text{ 모든 } x \text{ 에 대하여}$$

가 되므로

$$f'(c) = \lim_{h \to 0+} \frac{1}{h}\{f(c+h) - f(c)\} \leqq 0, \tag{1}$$

$$f'(c) = \lim_{h \to 0-} \frac{1}{h}\{f(c+h) - f(c)\} \geqq 0. \tag{2}$$

(1)과 (2)가 동시에 성립하기 위해서는 $f'(c)=0$일 수 밖에 없다. ☑

평균값 정리 (Mean Value Theorem): <그림 4> 참조.

함수 f가 $[a,b]$에서 연속이고 (a,b)에서 미분가능하다면 다음을 만족하는 c가 (a,b)내에 존재한다.

$$f'(c) = \frac{f(b)-f(a)}{b-a}$$

증명. $[a,b]$에서 함수 h를 다음과 같이 정의하자.

$$h(x) = f(x) - f(a) - \frac{f(b)-f(a)}{b-a}(x-a).$$

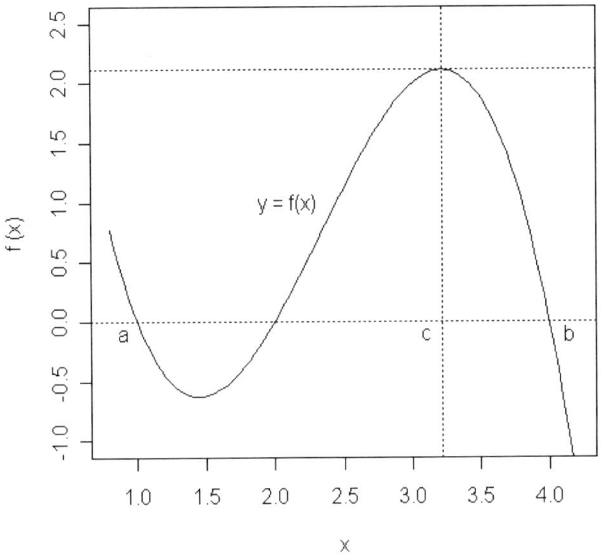

<그림 3> Rolle의 정리

```
* f <- function(x) -(x-1)*(x-2)*(x-4)
  plot(f, 0.8, 4.2, ylim=c(-1,2.5))
  v <- 7/3+sqrt(7)/3
  h <- f(v)
  abline(h=h, lty="dotted");   abline(v=v, h=0, lty="dotted")
  text(0.9, -0.1, "a");        text(4.15, -0.1, "b")
  text(3.1, -0.1, "c");        text(2.1, 1, "y = f(x)")
```

그러면 $h(a) = h(b) = 0$ 이 된다. 따라서 $h'(c) = 0$ 인 c 가 (a, b) 내에 존재한다 (∵ Rolle의 정리). 그런데

$$h'(c) = f'(c) - \frac{f(b) - f(a)}{b - a} \quad (= 0)$$

이므로

$$f'(c) = \frac{f(b) - f(a)}{b - a}.$$

☑

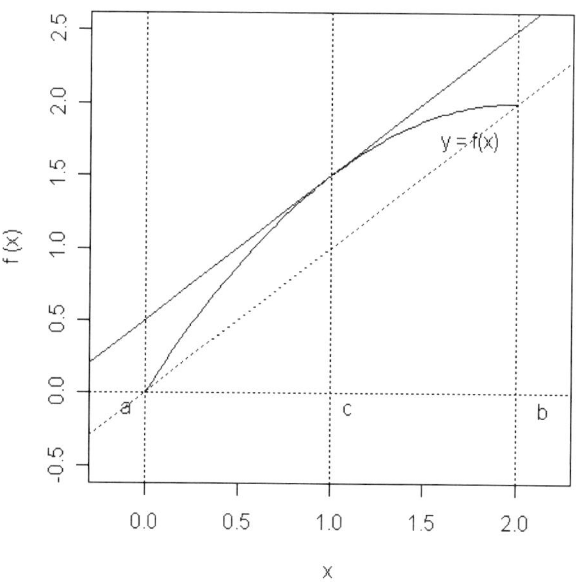

<그림 4> 평균값 정리

```
* f <- function(x) 2*x-x*x/2
  plot(f, 0, 2, xlim=c(-0.2,2.2), ylim=c(-0.5,2.5))
  c <- 1;  h <- f(c)
  abline(0,1, col="blue", lty="dotted")
  abline(0.5, 1, col="blue"); abline(h=0, v=0, lty="dotted")
  abline(v=1, lty="dotted");  abline(v=2, lty="dotted")
  text(-0.1, -0.1, "a");       text(2.15, -0.1, "b")
  text(1.1, -0.1, "c");        text(1.75, 1.75, "y = f(x)")
```

예 11. $|\sin x| \leqq |x|$ 임을 보여라.

풀이. $f(x) = \sin x$ 라고 하자. 평균값 정리에 의하면 0과 x 사이의 어떤 c 에 대하여

$$\frac{f(x) - f(0)}{x - 0} = f'(c)$$

로 표현된다. $f'(c) = \cos c$. $|\cos c| \leqq 1$ 이므로 $\left|\frac{\sin x}{x}\right| \leqq 1$. ☑

Cauchy의 평균값 정리

함수 f 와 g 가 $[a,b]$ 에서 연속이고 (a,b) 에서 미분가능하고 모든 $g'(x) \neq 0$ 라면 다음을 만족하는 c 가 (a,b) 내에 존재한다.

$$\frac{f(b)-f(a)}{g(b)-g(a)} = \frac{f'(c)}{g'(c)}.$$

증명. $[a,b]$ 에서 함수 h 를 다음과 같이 정의하자.

$$h(x) = f(x) - f(a) - \frac{f(b)-f(a)}{g(b)-g(a)}(g(x)-g(a)).$$

그러면 $h(a) = h(b) = 0$ 이 된다. 따라서 Rolle의 정리에 의하여 $h'(c) = 0$ 인 c 가 (a,b) 내에 존재한다. 그런데

$$h'(c) = f'(c) - \frac{f(b)-f(a)}{g(b)-g(a)}\, g'(c).$$

$g'(c) \neq 0$ 이므로 $h'(c) = 0 \ \Rightarrow\ \dfrac{f(b)-f(a)}{g(b)-g(a)} = \dfrac{f'(c)}{g'(c)}$. ☑

Cauchy의 평균값 정리는 평균값 정리를 내포한다. 즉 $g(x) = x$ 로 놓고 Cauchy의 평균값 정리를 써 보면 평균값 정리와 일치한다.

이어 소개할 로피탈의 정리는 $\frac{0}{0}$ 부정형의 극한 또는 $\frac{\infty}{\infty}$ 부정형의 극한을 구하는 데 매우 유용하다.

로피탈(L'Hospital)의 정리 1

함수 f 와 g 가 미분가능하고 $g'(a) \neq 0$ 이라고 하자.

$$\lim_{x\to a} f(x) = \lim_{x\to a} g(x) = 0 \quad \Rightarrow \quad \lim_{x\to a}\frac{f(x)}{g(x)} = \frac{f'(a)}{g'(a)}.$$

증명. 함수 f 와 g 가 a 근방에서 연속이므로 $f(a) = g(a) = 0$. 따라서

$$\lim_{x \to a} \frac{f(x)}{g(x)} = \lim_{x \to a} \frac{f(x)-f(a)}{g(x)-g(a)}$$
$$= \lim_{x \to a} \frac{(f(x)-f(a))/(x-a)}{(g(x)-g(a))/(x-a)} = \frac{f'(a)}{g'(a)}.$$ ☑

예 12. $\lim_{x \to 0} \frac{\sin(3x)}{\sin(2x)} = \frac{3\cos(3x)\mid_{x=0}}{2\cos(2x)\mid_{x=0}} = \frac{3}{2}.$

예 13. $\lim_{x \to 1} \frac{\log x}{x-1} = \frac{1/x\mid_{x=1}}{1} = 1.$

더 일반적인 로피탈의 정리는 다음과 같다. 증명은 이 교과 수준의 수학으로는 힘이 드므로 생략하기로 한다.

<u>로피탈(L'Hospital)의 정리 2</u>

함수 f 와 g 가 미분가능하고 a 근방에서 $g'(x) \neq 0$ 이라고 하자.

$\lim_{x \to a} f(x) = \lim_{x \to a} g(x) = 0$ (또는 $\lim_{x \to a} f(x) = \lim_{x \to a} g(x) = \infty$),

& $\lim_{x \to a} \frac{f'(x)}{g'(x)}$ 가 존재

$\Rightarrow \lim_{x \to a} \frac{f(x)}{g(x)} = \lim_{x \to a} \frac{f'(x)}{g'(x)}.$

여기서 $a = \infty$ 또는 $a = -\infty$ 일 수 있다.

예 14. $$\lim_{x \to 0} \frac{2^x - 1 - x\log 2}{x^2} = \lim_{x \to 0} \frac{2^x \log 2 - \log 2}{2x}$$
$$= \frac{2^x (\log 2)^2 \mid_{x=0}}{2} = \frac{(\log 2)^2}{2}.$$

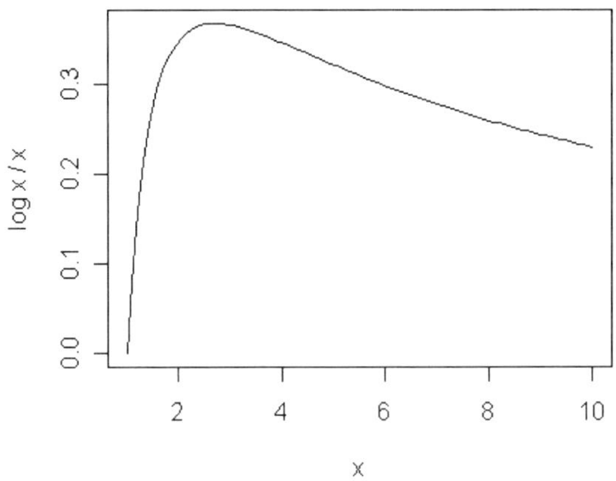

<그림 5> $f(x) = \dfrac{\log x}{x}$ 의 그래프

```
* f <- function(x) log(x)/x
  plot(f, 1, 10, ylab="log x / x")
```

예 15. $\lim\limits_{x \to \infty} \dfrac{\log x}{x} = \lim\limits_{x \to \infty} \dfrac{1/x}{1} = 0$.

<그림 5>는 $f(x) = \dfrac{\log x}{x}$ 를 $(1, 10)$ 에서 본 것이다.

예 16. $\lim\limits_{x \to \infty} \dfrac{e^x}{x^2} = \lim\limits_{x \to \infty} \dfrac{e^x}{2x} = \lim\limits_{x \to \infty} \dfrac{e^x}{2} = \infty$.

로피탈의 법칙은 $0 \cdot \infty$ 또는 $\infty - \infty$ 부정형을 파악하는 데에도 효과적이다.

예 17. $\lim\limits_{x \to 0+} x \log x = \lim\limits_{x \to 0+} \dfrac{\log x}{1/x} = \lim\limits_{x \to 0+} \dfrac{1/x}{-1/x^2} = \lim\limits_{x \to 0+} (-x) = 0.$

예 18. $\lim_{x \to \infty} x e^{-x} = \lim_{x \to \infty} \frac{x}{e^x} = \lim_{x \to \infty} \frac{1}{e^x} = 0.$

예 19. $\lim_{x \to \infty} (e^x - x^2) = \lim_{x \to \infty} e^x (1 - x^2 e^{-x}) = \infty \cdot (1 - 0) = \infty.$

($\because$ $\lim_{x \to \infty} x^2 e^{-x} = 0$, 예 16 참조)

예 20. $\lim_{x \to 0+} x^x = \lim_{x \to 0+} e^{x \log x} = e^0 = 1.$ (예 17 참조)

3절. 테일러 전개

<u>1차 근사</u>: 함수 f 가 $x = a$ 에서 미분가능하다고 하자. 그러면 $(a, f(a))$ 에서 함수 f 에 대한 접선의 방정식은

$$y = f(a) + f'(a)(x-a)$$

이다. 그러므로 $x = a$ 근처에서는

$$f(x) \simeq f(a) + f'(a)(x-a) \tag{3}$$

라고 할 수 있다. 즉 $f(x)$가 $x-a$의 1차식으로 근사된다.

(3)의 근사는 어느 정도 정확한가? Cauchy의 평균값 정리에 의하여

$$\frac{1}{(x-a)^2}[f(x) - \{f(a) + f'(a)(x-a)\}] = \frac{f'(t) - f'(a)}{2(t-a)} \tag{4}$$

가 성립한다 (여기서 t는 a와 x 사이의 값). 그리고 다시 Cauchy의 평균값 정리에 의하여

$$\frac{f'(t) - f'(a)}{2(t-a)} = \frac{f''(c)}{2} \tag{5}$$

가 된다 (여기서 c는 a와 t사이의 값). (4)와 (5)를 연결하면

$$f(x)-\{f(a)+f'(a)(x-a)\} = \frac{f''(c)}{2}(x-a)^2$$

이 된다 (여기서 c는 a와 x 사이의 값). 즉,

$$f(x) = f(a)+f'(a)(x-a)+R_2 \tag{6}$$

를 얻는다. 여기서 R_2는 나머지 항으로서 다음과 같이 표현가능하다.

$$R_2 = \frac{f''(c)}{2}(x-a)^2, \quad \text{여기서 } c\text{는 } a\text{와 } x \text{ 사이의 값.}$$

만약 $|x-a|$가 충분히 작다면 $(x-a)^2$는 $|x-a|$보다 더 작으므로 근사식 (6)이 실질적으로 유효하다.

<u>2차 근사</u>: 앞에서 1차 근사를 다루었는데 이것은 곧 2차 근사로 확장될 수 있다. 함수 f가 $x=a$에서 2번 미분가능하다고 하자. 그러면 2차식

$$y = f(a)+f'(a)(x-a)+f''(a)(x-a)^2/2$$

은 $(a, f(a))$에서 함수 f와 교점을 가질 뿐 아니라 $x=a$에서의 1차 및 2차 미분계수가 각각

$$f'(a), \ f''(a)$$

로 함수 f의 1차 및 2차 미분계수와 같다. 그러므로 $x=a$ 근처에서는

$$f(x) \simeq f(a)+f'(a)(x-a)+f''(a)(x-a)^2/2 \tag{7}$$

라고 할 수 있다. 즉 $f(x)$가 $x-a$의 2차식으로 근사된다.

예 21. $f(x) = 1+xe^{-x}$에 대한 $x=0$에서의 1차 및 2차 근사식을 구해보자. $f(0) = 1$이고

$$f'(x) = e^{-x}-xe^{-x}, \ f'(0) = 1,$$

$$f''(x) = -2e^{-x}+xe^{-x}, \ f''(0) = -2.$$

$\therefore$ 1차 근사식: $y = 1+x$, 2차 근사식: $y = 1+x-2x^2$.

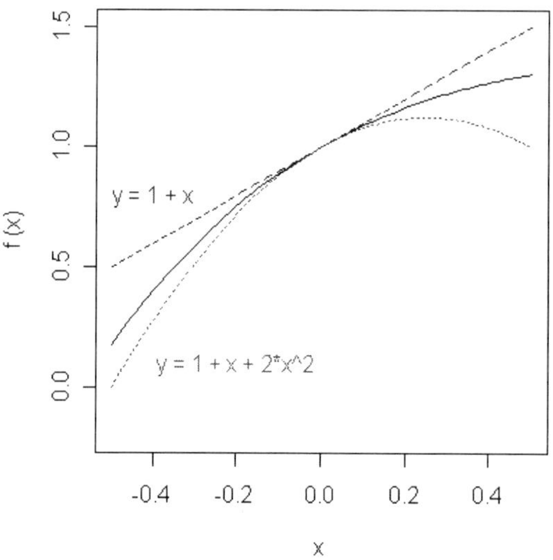

<그림 6> $f(x) = 1 + xe^{-x}$ (실선)에 대한 $x = 0$에서의 1차 및 2차 근사

```
* f <- function(x) 1 + x*exp(-x)
  p1 <- function(x) 1 + x
  p2 <- function(x) 1 + x - 2*x^2
  plot(f, -0.5, 0.5, ylim=c(-0.2,1.5))
  par(new=T)
  plot(p1, -0.5, 0.5, ylim=c(-0.2,1.5), ylab="", lty =2, col = "blue")
  par(new=T)
  plot(p2, -0.5, 0.5, ylim=c(-0.2,1.5), ylab="", lty =3, col = "red")
  text(-0.4,0.8,"y = 1 + x", col = "blue")
  text(-0.2,0.1,"y = 1 + x + 2*x^2", col = "red")
```

<그림 6>은 주어진 함수 $f(x)$와 앞의 두 근사식을 그린 것이다. $(0,1)$ 에서 모두 교차하고 $x = 0$ 근처에서는 비슷한 y 값을 갖는 것을 볼 수 있다. 교점 근처에서는 2차식 근사가 더 정확하다.

(7)의 근사는 어느 정도 정확한가? Cauchy의 평균값 정리에 의하여

$$\frac{1}{(x-a)^3}\left[f(x)-\{f(a)+f'(a)(x-a)+f''(a)(x-a)^2/2\}\right]$$

$$= \frac{f'(u)-f'(a)-f''(a)(u-a)}{3(u-a)^2}, \quad u\text{는 } a\text{와 } x \text{ 사이}$$

$$= \frac{f''(v)-f''(a)}{3\cdot 2(v-a)}, \quad v\text{는 } a\text{와 } u \text{ 사이}$$

$$= \frac{f^{(3)}(c)}{3\cdot 2}, \quad c\text{는 } a\text{와 } v\text{사이.}$$

따라서

$$f(x)-\{f(a)+f'(a)(x-a)+f''(a)(x-a)^2/2\} = \frac{f^{(3)}(c)}{3!}(x-a)^3$$

로 표현된다 (여기서 c는 a와 x 사이의 값). 즉,

$$f(x) = f(a)+f'(a)(x-a)+f''(a)(x-a)^2/2 + R_3$$

를 얻는다. 여기서 R_3는 나머지 항으로서 다음과 같이 표현가능하다.

$$R_3 = \frac{f^{(3)}(c)}{3!}(x-a)^3, \quad \text{여기서 } c\text{는 } a\text{와 } x \text{ 사이의 값.}$$

<u>p차 근사</u>: 앞에서 1차 및 2차 근사를 다루었는데 이것을 어렵지 않게 p차 근사로 확장될 수 있다. 함수 f가 $x = a$에서 $p+1$번 미분가능하다면

$$f(x) = f(a)+f'(a)(x-a)+f''(a)(x-a)^2/2+\cdots$$
$$+ f^{(p)}(a)(x-a)^p/p! + R_{p+1} \qquad (8)$$

이고 나머지 항 R_{p+1}는

$$R_{p+1} = \frac{f^{(p+1)}(c)}{p+1!}(x-a)^{p+1}, \quad \text{여기서 } c\text{는 } a\text{와 } x \text{ 사이의 값}$$

로 표현가능하다. (8)을 $x=a$에서 함수 f에 대한 p차 테일러 전개(the p-th order Taylor expansion)이라고 한다.

<u>테일러 급수</u> (Taylor Series)

함수 f가 $x=a$에서 무한 번 미분가능하고 아래 식 우변의 급수가 수렴한다면

$$f(x) = \sum_{p=1}^{\infty} f^{(p)}(a)(x-a)^p/p!$$

로 표현가능하다. 여기서 $f^{(0)}(a)$, $f^{(1)}(a)$, $f^{(2)}(a)$는 각각 $f(a)$, $f'(a)$, $f''(a)$를 표기한다.

예 22. $f(x) = e^x$, $x = 0$을 중심으로 테일러 전개를 4차까지 해보자.

$$f'(x) = f''(x) = \cdots = f^{(4)}(x) = e^x,$$

$$f'(0) = f''(0) = \cdots = f^{(4)}(0) = 1$$

이므로

$$e^x = 1 + x + x^2/2 + x^3/6 + x^4/24 + \cdots$$

이다. <그림 7>은 $y = e^x$ 와 이에 대한 1차 및 2차 테일러 전개를 그래프로 본 것이다. 수치 예로서, $e^{0.5}$를 계산해보자.

$e^{0.5} = 1.6487$ (계산기 결과, 소숫점 이하 4자리까지).

한편

$$\begin{aligned} 1 + 0.5 &= 1.5, \\ 1 + 0.5 + 0.5^2/2 &= 1.6250, \\ 1 + 0.5 + 0.5^2/2 + 0.5^3/6 &= 1.6458, \\ 1 + 0.5 + 0.5^2/2 + 0.5^3/6 + 0.5^4/24 &= 1.6484 \end{aligned}$$

로 점점 1.6487에 근사해지는 것을 볼 수 있다.

예 23. $f(x) = \log(1+x)$, $x = 0$을 중심으로 4차 테일러 전개를 해보자.

$$f'(x) = \frac{1}{1+x},\quad f''(x) = -\frac{1}{(1+x)^2},\quad f^{(3)}(x) = \frac{2}{(1+x)^3},$$

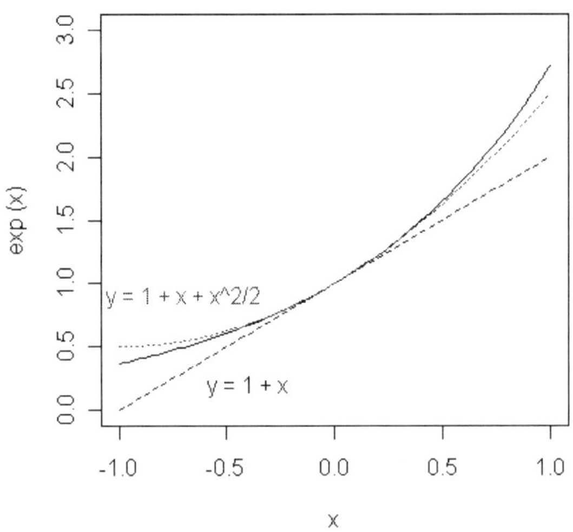

<그림 7> $y = e^x$ (실선)에 대한 테일러 1차 근사와 2차 근사

```
* plot(exp, -1, 1, ylim=c(0,3))
  p1 <- function(x) 1+x
  p2 <- function(x) 1+x+x^2/2
  par(new=T)
  plot(p1, -1, 1, ylim=c(0,3), ylab="", lty=2, col="blue")
  par(new=T)
  plot(p2, -1, 1, ylim=c(0,3), ylab="", lty=3, col="red")
  par(new=T)
  text(-0.4, 0.2, "y = 1 + x", col="blue")
  text(-0.7, 0.9, "y = 1 + x + x^2/2", col="red")
```

$$f^{(4)}(x) = -\frac{2 \cdot 3}{(1+x)^4},$$

$$f'(0) = 1, \quad f''(0) = -1, \quad f^{(3)}(0) = 2, \; f^{(4)}(0) = -6$$

이므로

$$\log(1+x) = x - x^2/2 + x^3/3 - x^4/4 + \cdots, \quad -1 < x \leqq 1$$

이다. 수치 예로서, $\log 1.5$ (= $\log(1+0.5)$)는

$$\log 1.5 = 0.4055$$ (계산기 결과, 소숫점 이하 4자리까지).

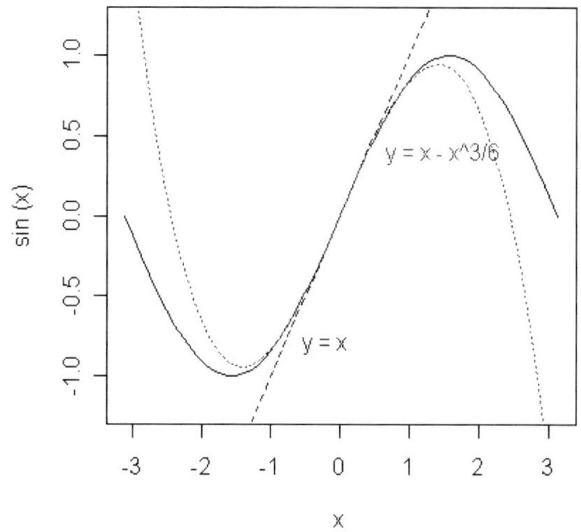

<그림 8> $y = \sin x$ (실선)에 대한 테일러 1차 근사와 3차 근사

```
* plot(sin, -pi, pi, ylim=c(-1.2,1.2))
  p1 <- function(x) x
  p3 <- function(x) x-x^3/6
  par(new=T)
  plot(p1, -pi, pi, ylim=c(-1.2,1.2), ylab="", lty=2, col="blue")
  par(new=T)
  plot(p3, -pi, pi, ylim=c(-1.2,1.2), ylab="", lty=3, col="red")
  text(-0.2, -0.8, "y = x", col="blue")
  text(1.5, 0.4, "y = x - x^3/6", col="red")
```

$x = 0.5$ 일 때, $x - x^2/2 + x^3/3 - x^4/4 + \cdots$ 는

$$0.5 - 0.5^2/2 = 0.375,$$

$$0.5 - 0.5^2/2 + 0.5^3/3 = 0.4167,$$

$$0.5 - 0.5^2/2 + 0.5^3/3 - 0.5^4/4 = 0.4011$$

로 점점 0.4055 에 근사해지는 것을 볼 수 있다.

예 24. $f(x) = \sin x$ 에 대한 7차까지의 테일러 전개는 다음과 같다.

$$\sin x = x - x^3/3! + x^5/5! - x^7/7! + \cdots .$$

<그림 8>은 $y = \sin x$와 이에 대한 1차 및 2차 테일러 전개를 그래프로 본 것이다.

예 25. 다음은 $f(x) = \cos x$에 대한 6차까지 테일러 전개이다.

$$\cos x = 1 - x^2/2! + x^4/4! - x^6/6! + \cdots .$$

4절. 함수의 극대와 극소, 변곡점

<u>증가와 감소</u>: 함수 f가 $[a,b]$에서 연속이고 (a,b)에서 미분가능하다고 하자. (a,b)에서의 모든 x에 대하여 $f'(x) > 0$이면 이 함수는 $[a,b]$에서 증가한다. 왜냐하면 $x_1 < x_2$에 대하여

$$f(x_2) = f(x_1) + f'(c)(x_2 - x_1), \quad \text{for some } c \text{ between } x_1 \text{ and } x_2$$

가 되는데 (∵ 평균값 정리), $f'(c) > 0$ 그리고 $x_2 - x_1 > 0$이므로

$$f(x_2) > f(x_1)$$

이기 때문이다. 반면, 모든 x에 대하여 $f'(x) < 0$이면 이 함수는 $[a,b]$에서 감소한다.

예 26. $\log(1+x) \geq x - \dfrac{x^2}{2}, \quad x \geq 0$.

$f(x) = \log(1+x) - \left(x - \dfrac{x^2}{2}\right), \; x \geq 0$ 으로 정의하자. 그러면

$$f'(x) = \frac{1}{1+x} - (1-x) = \frac{x^2}{1+x} > 0, \text{ for } x > 0.$$

따라서 $f(x) > f(0)$, for $x > 0$. 즉, $f(x) \geq f(0) = 0$, for $x \geq 0$.

함수 f가 국소적으로 최대가 될 때 우리는 그것을 극대라고 하고 국소적으로

최소일 때 극소라고 한다. 공식적인 정의는 다음과 같다.

정의 1: 함수 f가 $x = c$에서 극대(極大, 국소적 최대; local maximum, relative maximum)이다.

$\Leftrightarrow$ c 근방의 모든 x에 대하여 $f(a) > f(x)$이다.

정의 2: 함수 f가 $x = c$에서 극소(極小, 국소적 최소; local minimum, relative minimum)이다.

$\Leftrightarrow$ c 근방의 모든 x에 대하여 $f(a) < f(x)$이다.

$[a, b]$에서 연속이고 (a, b)에서 미분가능한 함수 f가 $x = c$ $(a < c < b)$에서 극대(극소)이면 $f'(c) = 0$이다. 왜냐하면

$$f(c+h) - f(c) \leqq 0 \text{ , for small } h$$

이므로

$$f'(c) = \lim_{h \to 0+} \frac{1}{h}\{f(c+h) - f(c)\} \leqq 0 \text{ ,} \tag{9}$$

$$f'(c) = \lim_{h \to 0-} \frac{1}{h}\{f(c+h) - f(c)\} \geqq 0 \tag{10}$$

인데 (9)와 (10)이 동시에 만족되기 위하여는 $f'(c) = 0$이어야 한다. 이에 따라 극대·극소를 찾기 위해서 $f'(x)$의 근(根)을 구해볼 필요가 있다.

- $f'(c-) < 0$, $f'(c) = 0$, $f'(c+) > 0$이면 f는 $x = c$에서 극소이다.
- $f'(c-) > 0$, $f'(c) = 0$, $f'(c+) < 0$이면 f는 $x = c$에서 극대이다.

예 27. $f(x) = x^3 - x$를 생각하자. $f'(x) = 3x^2 - 1$이므로 $x = \pm 1/\sqrt{3}$에서 극값을 갖는다. $x = -1/\sqrt{3}$ $(=a)$에서 f가 극대이고 $x = 1/\sqrt{3}$ $(= b)$에서 f는 극소이다. 왜(?)

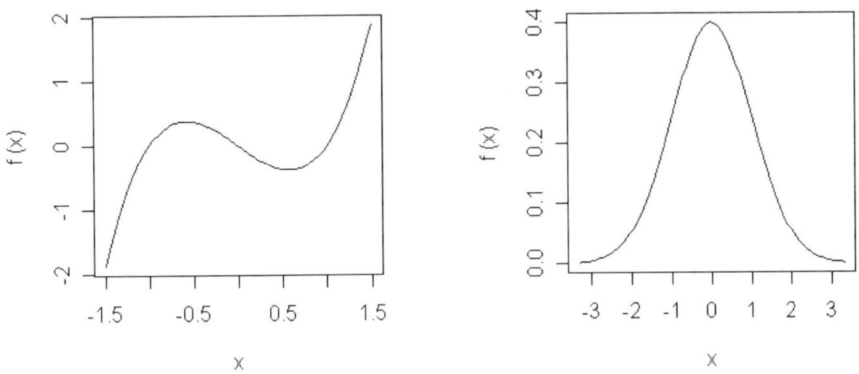

<그림 9> 변곡점을 갖는 함수의 그래프와 오목한 함수의 그래프

* 왼쪽:
```
f <- function(x) x^3 - x
plot(f, -1.5, 1.5)
```

** 오른쪽:
```
function(x) 1/sqrt(2*pi) * exp(-x^2/2)
plot(f, -3.3, 3.3)
```

<u>볼록과 오목</u>: (a, b)에서 f'가 증가함수이면 f는 이 구간에서 볼록(convex)한 형태를 취한다. 반대로 (a, b)에서 f'가 감소함수이면 f는 이 구간에서 오목(concave)한 형태를 취한다. $x=c$를 지나면서 f'이 증가(감소)하다가 감소(증가)하면 f는 $x=c$에서 변곡점(變曲點, inflection point)을 갖는다. 따라서

- $f''(c) > 0$이면 f는 $x=c$에서 볼록하다.
- $f''(c) < 0$이면 f는 $x=c$에서 오목하다.
- $f''(c) = 0$, $f^{(3)}(c) \neq 0$이면 f는 $x=c$에서 변곡점을 갖는다.

예 27 (계속). $f(x) = x^3 - x$를 다시 생각하기로 하자. $f''(x) = 6x$이므로 f는 $x=0$에서 변곡점을 갖는다. <그림 9>의 왼쪽 그래프를 보라.

예 28. $f(x)=\frac{1}{\sqrt{2\pi}}e^{-\frac{x^2}{2}}$을 생각하자.

$$f'(x)=-\frac{1}{\sqrt{2\pi}}\,x\,e^{-\frac{x^2}{2}},\qquad f''(x)=\frac{1}{\sqrt{2\pi}}(x^2-1)\,e^{-\frac{x^2}{2}}$$

이므로

1) $x<-1$과 $x>1$에서 f는 볼록,

2) $x=-1$과 $x=1$에서 f는 변곡,

3) $-1<x<1$에서 f는 오목이다.

<그림 9>의 오른쪽 그래프를 보라.

정리 1. 1) $f'(c)=0$이고 $f''(c)<0$이면 $x=c$에서 f는 극대이다.

2) $f'(c)=0$이고 $f''(c)>0$이면 $x=c$에서 f는 극소이다.

증명 1) 작은 h에 대하여

$$f(c+h)=f(c)+f'(c)h+f''(c^*)h^2/2\ (c^*\text{는 }0\text{과 }h\text{ 사이})$$

로 표현되는데, $f'(c)=0$ 그리고 작은 h에 대하여 $f''(c^*)<0$ 이므로 ($\because$ $f''(c)$가 연속함수니까) $f(c+h)<f(c)$이다. 따라서 $x=c$에서 f는 극대이다. ☑

정리 2. 1) $f'(c)=0, f''(c)=0, f^{(3)}(c)=0, f^{(4)}(c)<0$이면 $x=c$에서 f는 극대이다.

2) $f'(c)=0, f''(c)=0, f^{(3)}(c)=0, f^{(4)}(c)>0$이면 $x=c$에서 f는 극소이다.

증명 1) 작은 h에 대하여

$$f(c+h)=f(c)+f'(c)h+f''(c)h^2/2+f^{(3)}(c)h^3/6+f^{(4)}(c^*)h^4/24$$

로 표현되는데 (c^*는 0과 h 사이), $f'(c)=0, f''(c)=0, f^{(3)}(c)=0$ 그리고 작은 h에 대하여 $f^{(4)}(c^*)<0$ 이므로 $f(c+h)<f(c)$이다. 따라

서 $x = c$ 에서 f 는 극대이다. ☑

예 29. $f(x) = \cos(2x) - 4\cos x$ 의 그래프를 그려보자 ($0 \leqq x \leqq 2\pi$).

$$f'(x) = -2\sin(2x) + 4\sin x = -4\sin x \cdot \cos x + 4\sin x$$

$$= 4\sin x(1-\cos x),$$

$$f''(x) = -4\cos(2x) + 4\cos x,$$

$$f^{(3)}(x) = 8\sin(2x) - 4\sin x,$$

$$f^{(4)}(x) = 16\cos(2x) - 4\cos x$$

이므로

$$f'(0) = 0,\ f''(0) = 0,\ f^{(3)}(0) = 0,\ f^{(4)}(0) > 0,$$

$$f'(\pi) = 0,\ f''(\pi) < 0$$

이다. 따라서 f 는 $x = 0$ 에서 극소이고 $x = \pi$ 에서 극대이다.

그래프를 그려보면 <그림 10>과 같다.

정리 3. 1) $f''(c) = 0$ 이고 $f^{(3)}(c) \neq 0$ 이면 $x = c$ 에서 f 가 변곡된다.

2) $f''(c) = f^{(3)}(c) = f^{(4)}(c) = 0$ 이고 $f^{(5)}(c) \neq 0$ 이면 $x = c$ 에서 f 가 변곡된다.

증명 1) c 에 가까운 x 에 대하여

$$f(x) = f(c) + f'(c)(x-c) + f''(c)(x-c)^2/2 + f^{(3)}(c^*)(x-c)^3/6,$$

$$f''(c) = 0$$

이므로 (c^* 는 0과 h 사이)

$$f''(x) = f^{(3)}(c^*)(x-c)$$

로 표현되므로, $f''(c-) = 0$ 와 $f''(c+)$ 는 서로 다른 부호를 취한다.

즉, f 는 $x = c$ 에서 f 가 변곡된다. ☑

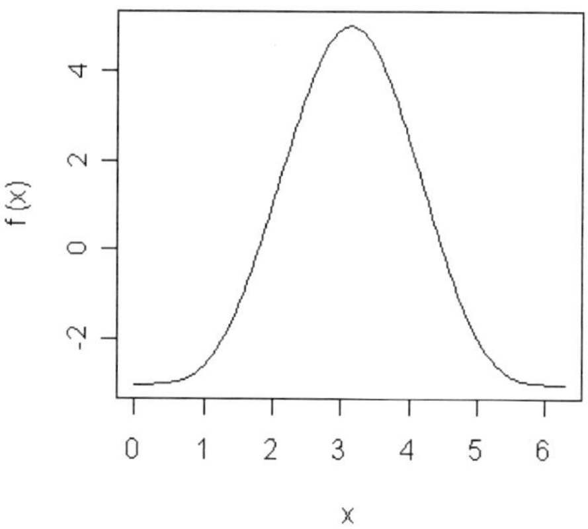

<그림 10> $f(x) = \cos(2x) - 4\cos x$ 의 그래프

```
* f <- function(x) cos(2*x) - 4 * cos(x)
  plot(f, 0, 2*pi)
```

예 29 (계속). $f''(x) = -4\cos(2x) + 4\cos x = -8\cos^2 x + 4\cos x + 4$,

$$= -8\cos^2 x + 4\cos x + 4 = -4(2\cos x + 1)(\cos x - 1)$$

$$f^{(3)}(x) = 8\sin(2x) - 4\sin x,$$

이므로 $x = \pi \pm \pi/3$, 0 에서 $f'' = 0$ 이다.

$$f^{(3)}(2\pi/3) = 2\sqrt{3},\ f^{(3)}(4\pi/3) = -2\sqrt{3}$$

이므로 $x = \pi \pm \pi/3$ 에서 f 가 변곡된다. $x = 0$ 에서 이 함수는 극소임이 확인된 바 있으므로 변곡점은 아니다.

3장. 적분

적분은 일반적으로는 주어진 함수와 가로 축 사이의 면적을 의미하지만 통계학에서는 주로 확률을 계산하기 위하여 활용된다. 이 장에서는 일변량 함수에 대한 적분을 다룬다.

1절. 적분의 기초

함수 f 가 $[a,b]$ 에서 정의된 연속함수라고 하자. 이때 $y=f(x)$ 와 $y=0$, 그리고 $x=a$ 와 $x=b$ 로 둘러싸인 도형의 면적을

$$S=\int_a^b f(x)\,dx$$

로 표기한다. 그러면 어떻게 S 를 구할 수 있을까? <그림 1>을 보면서 아래 정의를 이해해보기 바란다 (이하, $f(x)\geq 0$ 로 생각하는 것이 이해하기 쉬울 것이다. 그러나 이 제약이 필요한 것은 아니다.)

<u>정적분</u> (定積分, definite integral): Riemann의 정의

1) 구간 $[a,b]$ 를 n 등분하여 구분점을 $x_0(=a),\cdots,x_i,\cdots,x_n(=b)$ 이라고 하자 ($x_i = a+i\cdot(b-a)/n$; $i=0,1,\cdots,n$).

2) 구간 $[x_{i-1},x_i]$ 에서 $f(x)$ 의 최소값을 m_i, 최대값을 M_i 라고 하자.

$$m_i \leqq f(x) \leqq M_i,\ \text{for}\ x\in[x_{i-1},x_i]$$

이므로 $x=x_{i-1}$, $x=x_i$, $y=f(x)$ 와 $y=0$ 에서 $y=f(x)$ 로 둘러싸인 좁고 긴 막대꼴 도형의 면적 S_i 는

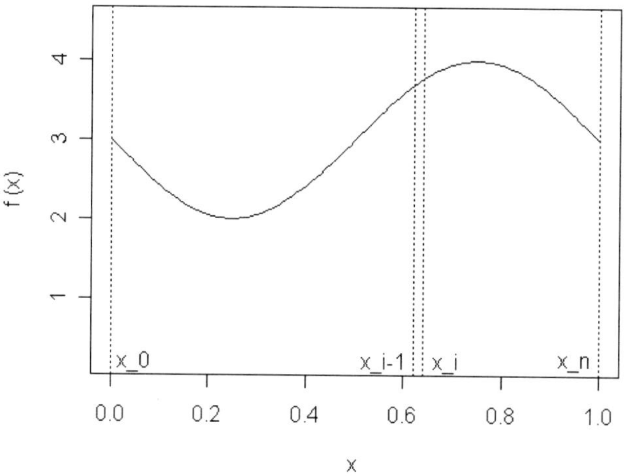

<그림 1> Riemann의 정의에 의한 정적분

R 코드:
```
f <- function(x) - sin(2*pi*x) + 3
plot(f, 0, 1, ylim=c(0.2, 4.5))
abline(h=0);          abline(v=0, h=0, lty=3)
abline(v=1, lty=3); abline(v=0.62, lty=3)
abline(v=0.64, lty=3)
text(0.05,0.2,"x_0"); text(0.56,0.2,"x_i-1")
text(0.69,0.2,"x_i"); text(0.95,0.2,"x_n")
```

$$m_i \cdot (b-a)/n \leqq S_i \leqq M_i \cdot (b-a)/n .$$

3) 따라서 $S = \sum_{i=1}^{n} S_i$ 는 L_n 과 U_n 사이에 있다. 여기서

$$L_n = \sum_{i=1}^{n} m_i \cdot (b-a)/n \ , \qquad U_n = \sum_{i=1}^{n} M_i \cdot (b-a)/n .$$

4) $\lim_{n \to \infty} L_n = \lim_{n \to \infty} U_n \ (= k)$ 이면 다음과 같이 정적분을 정의할 수 있다.

$$\int_a^b f(x)\,dx \ (= S) = k .$$

예 1: 이 정의에 따라 $\int_0^1 x^2\,dx$ 를 구해보자.

1) 구간 $[0,1]$ 을 n 등분하여 구분점을 $x_0(=0),\cdots,x_i,\cdots,x_n(=1)$ 이라고 하자.

 즉, $x_i = i/n$ for $i=0,1,\cdots,n$.

2) $[x_{i-1},x_i]$ 에서 $f(x)=x^2$ 는 증가함수이므로 m_i 과 M_i 은 각각

$$x_{i-1}^2 \leqq f(x) \leqq x_i^2,\ \text{for } x \in [x_{i-1},x_i].$$

3) 따라서

$$L_n = \sum_{i=1}^{n} m_{i;n}\cdot\frac{1}{n} = \sum_{i=1}^{n}\left(\frac{i-1}{n}\right)^2\frac{1}{n} = \sum_{i=1}^{n-1}\left(\frac{i}{n}\right)^2\frac{1}{n},$$

$$U_n = \sum_{i=1}^{n} M_{i;n}\cdot\frac{1}{n} = \sum_{i=1}^{n}\left(\frac{i}{n}\right)^2\frac{1}{n}.$$

 그런데 $\sum_{i=1}^{n} i^2 = n(n+1)(2n+1)/6$ 이므로

$$L_n = \sum_{i=1}^{n-1}\left(\frac{i}{n}\right)^2\frac{1}{n} = \frac{(n-1)\,n\,(2n-1)/6}{n^3},$$

$$U_n = \sum_{i=1}^{n}\left(\frac{i}{n}\right)^2\frac{1}{n} = \frac{n\,(n+1)\,(2n+1)/6}{n^3}.$$

4) $\lim_{n\to\infty} L_n = \lim_{n\to\infty} U_n = \frac{1}{3}$ 이므로 $\int_a^b f(x)\,dx = \frac{1}{3}$. ☑

예 2: 함수 $f(x)$가 $[0,1]$ 에서 x 가 유리수이면 1, 무리수이면 0으로 정의되었다고 하자 (예컨대 $f(0.5)=1$, $f(1/\sqrt{2})=0$). $\int_0^1 f(x)\,dx$ 를 구해보자.

1) 구간 $[0,1]$ 을 n 등분하여 구분점을 $x_0(=0),\cdots,x_i,\cdots,x_n(=1)$ 이라고 하자.

 즉, $x_i = i/n$ for $i=0,1,\cdots,n$.

2) $[x_{i-1},x_i]$ 에서 최소값 $m_i = 0$ 이고 $M_i = 1$ 이다. 왜냐하면 어느 구간이나 유리수와 무리수가 있기 때문이다.

3) 따라서

$$L_n = \sum_{i=1}^{n} m_i \cdot \frac{1}{n} = 0, \qquad U_n = \sum_{i=1}^{n} M_i \cdot \frac{1}{n} = 1.$$

4) $\lim_{n\to\infty} L_n \neq \lim_{n\to\infty} U_n$ 이므로 $\int_0^1 f(x)\,dx$ 가 정의되지 않는다. ☑

사실 예 2의 함수는 연속이지 않으므로 정적분에 대한 앞의 정의를 적용할 수 없다. Riemann 적분은 일부 불연속함수를 대상으로 확장될 수 있으나 불연속 함수에 대하여는 예 2에서 보듯이 정적분이 존재할 수 없는 상황이 있다. 여기서는 증명하지 않겠지만, $[a,b]$ 에서 연속함수 f 에 대하여는 $\int_a^b f(x)\,dx$ 가 항상 존재한다. 그리고 다음 성질이 성립한다.

정리 1. 함수 f 와 g 가 $[a,b]$ 에서 연속이라고 하자.

1) $\int_a^b k\,f(x)\,dx = k\int_a^b f(x)\,dx$, 임의의 k 에 대하여.

2) $\int_a^b \{f(x)+g(x)\}dx = \int_a^b f(x)\,dx + \int_a^b g(x)\,dx$.

3) $\int_a^b f(x)\,dx = -\int_b^a f(x)\,dx$.

4) $\int_a^b f(x)\,dx = \int_a^c f(x)\,dx + \int_c^b f(x)\,dx$, 임의의 c 에 대하여.

5) $\int_a^b k\,dx = k(b-a)$, 임의의 k 에 대하여.

1), 3), 4), 5)에 대한 증명은 생략하기로 한다. 이제 정적분이 면적이라는 생각을 버리고 앞의 정적분의 정의에 집중하면 증명 없이도 이해가 될 것이다.

증명 2). 구간 $[x_{i-1}, x_i]$ 에서 $f(x)$ 의 최소값을 m_i^f, 최대값을 M_i^f, $g(x)$ 의 최소값을 m_i^g, 최대값을 M_i^g 라고 하자. 그러면

$$m_i^f + m_i^g \leq f(x) + g(x) \leq M_i^f + M_i^g, \text{ for } x \in [x_{i-1}, x_i].$$

그러므로

$$\lim_{n\to\infty}\sum_{i=1}^{n}(m_i^f + m_i^g)\frac{b-a}{n} \leq \int_a^b \{f(x)+g(x)\}\,dx \leq \lim_{n\to\infty}\sum_{i=1}^{n}(M_i^f + M_i^g)\frac{b-a}{n}.$$

그런데 위식에서

$$\text{좌변} = \lim_{n\to\infty}\sum_{i=1}^{n} m_i^f \frac{b-a}{n} + \lim_{n\to\infty}\sum_{i=1}^{n} m_i^g \frac{b-a}{n} = \int_a^b f(x)\,dx + \int_a^b g(x)\,dx.$$

$$\text{우변} = \lim_{n\to\infty}\sum_{i=1}^{n} M_i^f \frac{b-a}{n} + \lim_{n\to\infty}\sum_{i=1}^{n} M_i^g \frac{b-a}{n} = \int_a^b f(x)\,dx + \int_a^b g(x)\,dx.$$ ☑

정리 2 (적분에 대한 평균값 정리; Mean value theorem for integrals).

함수 f가 $[a,b]$에서 연속이면

$$\int_a^b f(x)\,dx = (b-a)f(c)$$

가 되는 $c \in [a,b]$가 존재한다.

증명. $[a,b]$에서 $f(x)$의 최소값을 m, 최대값을 M이라고 하자. 그러면

$$m(b-a) \leq \int_a^b f(x)\,dx \leq M(b-a).$$

$$\therefore \quad m \leq \frac{1}{b-a}\int_a^b f(x)\,dx \leq M.$$

f가 $[a,b]$에서 연속이므로

There exists $c \in [a,b]$ such that $f(c) = k$ for any k between m and M.

k를 $\frac{1}{b-a}\int_a^b f(x)\,dx$로 놓음으로써 증명 끝. ☑

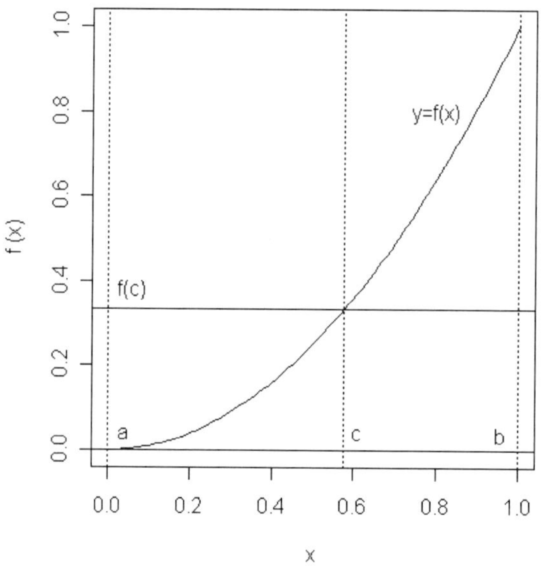

<그림 2> 적분에 대한 평균값 정리: $\int_a^b f(x)dx = (b-a)f(c)$.

```
* f <- function(x) x^2
  plot(f, 0, 1, ylim=c(0, 1))
  abline(v=0, h=0, lty=3); abline(v=1, lty=3)
  abline(h=0); abline(h=1/3)
  abline(v=1/sqrt(3), lty=3)
  text(0.04, 0.04,"a"); text(0.61, 0.04, "c")
  text(0.96, 0.04, "b"); text(0.06,0.38,"f(c)")
  text(0.8, 0.8, "y=f(x)")
```

<그림 2>는 적절한 $c \in [a,b]$를 택하면 $\int_a^b f(x)\,dx$ 와

직사각형: $(a,0),(a,f(c)),(b,f(c)),(b,0)$

의 면적이 같게 됨을 보이고 있다.

예 3. $\int_0^1 x^2\,dx = \frac{1}{3}$ 인데 이것은 $(1-0)\,c^2$ 과 같게 되는 $c \in [0,1]$ 가 있는가?

그렇다. $c = \frac{1}{\sqrt{3}}$ 으로 잡으면 된다. ☑

정리 3 (미적분의 기본 정리; Fundamental theorem of calculus).

함수 f 가 $[a,b]$ 에서 연속이고 x 를 이 구간내의 한 점이라고 하자. 그러면

$$G(x) = \int_a^x f(t)\,dt$$

는 $[a,b]$ 에서 연속이고 (a,b) 에서 미분가능하며

$$\frac{d}{dx}G(x) = \frac{d}{dx}\int_a^x f(t)\,dt = f(x), \quad \text{for any } x \in (a,b).$$

증명. $x \in [a,b]$, $a \leqq x+h \leqq b$ 라면

$$\begin{aligned} G(x+h) - G(x) &= \int_a^{x+h} f(t)\,dt - \int_a^x f(t)\,dt = \int_x^{x+h} f(t)\,dt \\ &= h \cdot f(c), \quad \text{for some } c \in [x, x+h] \end{aligned}$$

이다 (적분에 대한 평균값 정리에 의하여). 따라서

$$\lim_{h\to 0}\{G(x+h) - G(x)\} = 0.$$

이로써 $G(x)$ 가 연속함수임을 보인 것이다. 한편, $x \in (a,b)$ 에 대하여

$$\frac{1}{h}\{G(x+h) - G(x)\} = f(c), \text{ for some } c \in [x, x+h].$$

$$\therefore \lim_{h\to 0}\frac{1}{h}\{G(x+h) - G(x)\} = \lim_{h\to 0} f(c) = f(x).$$

따라서 $G(x)$ 는 (a,b) 에서 미분가능하며 $\frac{d}{dx}G(x) = f(x)$ 이다. ☑

예 4. $\frac{d}{dx}\int_0^x \frac{1}{1+t^2}\,dt = \frac{1}{1+x^2}$.

예 5. $\dfrac{d}{dx}\displaystyle\int_0^x \sin t\ dt = \sin x$.

정리 3은 이름답게 미적분에서 초석(礎石)의 역할을 한다. 그 의미는 주어진 $f(x)$에 대하여 그것에 대한 역도함수(antiderivative) $F(x)$를 알기만 한다면 ($\Leftrightarrow$ $F'(x)=f(x)$), 다음 식으로 쉽게 정적분을 계산할 수 있음을 뜻한다.

$$\int_a^x f(t)\,dt = F(x) - F(a). \tag{1}$$

왜냐하면 x로 미분하면 양쪽이 모두 $f(x)$가 되면서 $x=a$일 때는 좌변과 우변이 모두 0으로 같기 때문이다.

여기에서 생길 수 있는 한 의문은 $f(x)$의 다른 역도함수(antiderivative) $H(x)$를 쓰는 경우 (1)의 결과가 달라질 것인가 하는 것이다 (역도함수의 정의에 의하여 $H'(x)=f(x)$). 이 경우 (1)은

$$\int_a^x f(t)\,dt = H(x) - H(a)$$

가 된다. 그런데

$$F'(x) = H'(x)\ \ (=f(x))$$

여야 하므로

$$F'(x) - H'(x) = 0,\quad \text{for all } x \text{ in } (a,b).$$

$$\therefore\ F(x) - H(x) = c\ \text{(상수)}.$$

$$\therefore\ F(x) - F(a) = (H(x)+c) - (H(a)+c) = H(x) - H(a).$$

그러므로 (1)의 값은 유일하다.

예 6. $\displaystyle\int_0^\pi \sin t\ dt$ $\left(= \displaystyle\int_0^\pi \sin x\ dx\right)$를 구해보자.

무엇을 미분하면 $\sin x$가 될까? 그것으로 (그런 것 중 하나로) $-\cos x$

가 있으므로 $f(x) = \sin x$, $F(x) = -\cos x$ 로 놓으면 된다. 따라서

$$\int_0^{\pi} \sin t\, dt = F(\pi) - F(0) = (-\cos\pi) - (-\cos 0) = 1 - (-1) = 2.$$

예 7. $\int_{-1}^{1} \frac{1}{x^2}\, dx$ 를 구해보자.

$F(x) = -\frac{1}{x}$ 를 미분하면 $f(x) = \frac{1}{x^2}$ 가 된다. 따라서

$$\int_{-1}^{1} \frac{1}{x^2}\, dx = \left[-\frac{1}{x}\right]_{x=1} - \left[-\frac{1}{x}\right]_{x=-1} = -1-(1) = -2. \qquad (2)$$

$f(x) = \frac{1}{x^2} > 0$ 인데 그것의 정적분이 음이라는 것은 이상하지 않은가?

그렇다. $f(x) = 1/x^2$ 는 $x = 0$ 에서 불연속이므로 '미적분의 기본 정리'를 적용할 수 없다. 물론, 기본정리로부터 파생된 (1)도 적용할 수 없다. 그러므로 (2)는 허위이다.

부정적분

(1)을 활용하기 위해서는 무엇을 미분하여야 주어진 $f(x)$가 되는지를 알아내야한다. 그것으로 추측된 함수가 $F(x)$라고 하면

$$\frac{d}{dx} F(x) = f(x)$$

여야 하는데, 이때 $F(x)$를 $f(x)$의 역도함수(逆導函數, antiderivative) 또는 부정적분(不定積分, indefinite integral)이라고 한다. 더불어

$$\int f(x)\, dx = F(x)$$

로 표기한다. 앞에서 잠시 나왔듯이 주어진 $f(x)$에 대한 부정적분은 유일하지 않다. 즉, $F(x)$가 $f(x)$의 부정적분이면 $F(x) + C$ 도 $f(x)$의 부정적분이 된다 (여기서 C는 상수).

아래는 부정적분의 여러 보기이다. 우변을 미분하면 좌변의 $\int$ 내 함수가 나옴을 확인해보라.

- $\displaystyle\int x^n\,dx = \frac{1}{n+1}x^{n+1} + C,\quad \text{for } n = 0, 1, 2, \cdots .$
- $\displaystyle\int e^x\,dx = e^x + C.$
- $\displaystyle\int \frac{1}{x}\,dx = \log x + C.$
- $\displaystyle\int x^a\,dx = \frac{1}{a+1}x^{a+1} + C,\quad \text{for } a \neq -1.$
- $\displaystyle\int \log x\,dx = x\log x - x + C.$
- $\displaystyle\int \sin x\,dx = -\cos x + C.$
- $\displaystyle\int \cos x\,dx = \sin x + C.$

정리 4. f 와 g 가 연속함수라고 하자.

1) $\displaystyle\int k f(x)\,dx = k\int f(x)\,dx$, 임의의 상수 k 에 대하여.

2) $\displaystyle\int \{f(x) + g(x)\}dx = \int f(x)\,dx + \int g(x)\,dx.$

증명. 우변을 미분하면 좌변의 $\int$ 내 함수가 나온다. ☑

예 8. $$\int\left(\log x + \frac{1}{x^2}\right)dx = \int \log x\,dx + \int \frac{1}{x^2}\,dx$$
$$= x\log x - x - \frac{1}{x} + C.$$ ☑

예 9. $$\int_1^e\left(\log x + \frac{1}{x^2}\right)dx = F(e) - F(1) = -\frac{1}{e} - (-2) = 2 - e^{-1}.$$

$$\text{여기서 } F(x) = x \log x - x - \frac{1}{x} .$$ ☑

관례적으로 $F(b) - F(a) = [F(x)]_a^b$ 로 표기한다. 예컨대

$$\int_1^e \left(\log x + \frac{1}{x^2} \right) dx = \left[x \log x - x - \frac{1}{x} \right]_1^e = 2 - e^{-1} .$$

2절. 적분 방법

<u>치환적분</u> (integration by substitution)

함수 g 의 역도함수를 G 라고 하자. 그리고 f 가 미분가능하다고 하자.

$$I = \int g(f(x)) f'(x)\, dx$$

를 구하기 위해 $y = f(x)$ 로 치환하자. 그러면 $dy/dx = f'(x)$ 이다. 따라서

$$I = \int g(y) \frac{dy}{dx}\, dx = \int g(y) dy = G(y) + C = G(f(x)) + C.$$

정적분에 적용해보면 다음과 같다.

$$I = \int_a^b g(f(x)) f'(x)\, dx = \int_{f(a)}^{f(b)} g(y) dy \quad (\leftarrow y = f(x) \text{로 치환})$$

$$= [G(y)]_{f(a)}^{f(b)} = G(f(b)) - G(f(a)).$$

예 10. $\int \sin x \cos x\, dx$ 를 구해보자.

풀이. $y = \sin x$ 로 놓으면 $dy/dx = \cos x$. 앞으로는 이것을 $dy = \cos x\, dx$ 로 쓸 것이다. 그러면

$$\int \sin x \ \cos x \, dx = \int y \, dy = \frac{1}{2} y^2 + C = \frac{1}{2} \sin^2 x + C.$$

다른 방법: $2 \sin x \ \cos x = \sin 2x$ 이므로

$$\int \sin x \ \cos x \, dx = \int \frac{1}{2} \sin 2x \, dx$$

$$= \int \frac{1}{4} \sin y \, dy \quad (\leftarrow \ y = 2x, \ dy = 2 dx)$$

$$= -\frac{1}{4} \cos y + C = -\frac{1}{4} \cos (2x) + C.$$

$\cos (2x) = \cos^2 x - \sin^2 x = 1 - 2\sin^2 x$ 이므로 두 해는 같다. ☑

예 11. $\int_0^{\pi/2} \sin x \ \cos x \, dx = = \left[\frac{1}{2} \sin^2 x \right]_0^{\pi/2} = \frac{1}{2}.$ ☑

<u>부분적분</u> (integration by parts)

함수 f 의 역도함수를 F 라고 하고, 함수 G 의 도함수를 g 라고 하자. 그러면

$$\int f(x) \ G(x) \, dx = F(x) \ G(x) - \int F(x) \, g(x) \, dx$$

이다. 그 이유는 단순하다. 즉,

$$\frac{d}{dx} F(x) \ G(x) = f(x) \ G(x) + F(x) \, g(x)$$

이므로

$$F(x) \ G(x) = \int \{ f(x) \ G(x) + F(x) \, g(x) \} \, dx$$

$$= \int f(x) \ G(x) \, dx + \int F(x) \, g(x) \, dx$$

가 성립하기 때문이다. 더 나아가

$$[\ F(x) \ G(x)]_a^b = \int_a^b \{ f(x) \ G(x) + F(x) \, g(x) \} \, dx$$

$$= \int_a^b f(x)\,G(x)\,dx + \int_a^b F(x)\,g(x)\,dx\,.$$

$$\therefore\ \int_a^b f(x)\,G(x)\,dx = [F(x)\,G(x)]_a^b - \int_a^b F(x)\,g(x)\,dx$$

$$= F(b)\,G(b) - F(a)\,G(a) - \int_a^b F(x)\,g(x)\,dx\,.$$

예 12. $\int x \cdot \sin x\,dx$ 를 구해보자.

풀이. $f(x) = \sin x$, $G(x) = x$ 라고 놓자. 그러면 $F(x) = -\cos x$, $g(x) = 1$.

$$\therefore\ \int \sin x \cdot x\,dx = -\cos x \cdot x - \int (-\cos x) \cdot 1\,dx$$

$$= -\cos x \cdot x + \sin x + C\,.$$ ☑

예 13. $\int_0^\pi x \cdot \sin x\,dx = [-\cos x \cdot x]_0^\pi + \int_0^\pi \cos x \cdot 1\,dx = \pi\,.$

<u>이상적분</u> (異常積分, improper integral)

함수 f 가 $[a, \infty)$ 에서 연속인 경우 $\int_a^\infty f(x)\,dx$ 는 다음과 같이 정의된다.

$$\int_a^\infty f(x)\,dx = \lim_{b\to\infty} \int_a^b f(x)\,dx\,.$$

함수 f 가 $(-\infty, b]$ 에서 연속인 경우 $\int_{-\infty}^b f(x)\,dx$ 는 다음과 같이 정의된다.

$$\int_{-\infty}^b f(x)\,dx = \lim_{a\to-\infty} \int_a^b f(x)\,dx\,.$$

예 14. $\int_1^\infty \frac{1}{x^2}\,dx = \lim_{b\to\infty} \int_1^b \frac{1}{x^2}\,dx = \lim_{b\to\infty}\left[-\frac{1}{x}\right]_1^b = \lim_{b\to\infty}\left(-\frac{1}{b}+1\right) = 1\,.$

함수 f 가 $(a,b]$ 에서 연속이지만 $x=a$ 에서 정의되지 않은 경우 $\int_a^b f(x)\,dx$ 는 다음과 같이 정의된다.

$$\int_a^b f(x)\,dx = \lim_{c\to a+}\int_c^b f(x)\,dx\ .$$

함수 f 가 $[a,b)$ 에서 연속이지만 $x=b$ 에서 정의되지 않은 경우 $\int_a^b f(x)\,dx$ 는 다음과 같이 정의된다.

$$\int_a^b f(x)\,dx = \lim_{c\to b-}\int_a^c f(x)\,dx\ .$$

예 15. $\int_0^1 \frac{1}{\sqrt{x}}\,dx = \lim_{c\to 0+}\int_c^1 \frac{1}{\sqrt{x}}\,dx = \lim_{c\to 0+}\,[2\sqrt{x}\,]_c^1 = \lim_{c\to 0+}\,[2-2\sqrt{c}\,] = 2.$

함수 f 가 $[a,b]$ 에서 1개 내부 점 $x=c$ 에서 불연속이거나 정의되지 않은 경우 $\int_a^b f(x)\,dx$ 는 다음과 같이 정의된다.

$$\int_a^b f(x)\,dx = \int_a^c f(x)\,dx + \int_c^b f(x)\,dx,\quad \text{for } a<c<b.$$

예 16. $\int_{-1}^1 \frac{1}{\sqrt{|x|}}\,dx = \int_{-1}^0 \frac{1}{\sqrt{|x|}}\,dx + \int_0^1 \frac{1}{\sqrt{x}}\,dx = 2\int_0^1 \frac{1}{\sqrt{x}}\,dx = 4\,.$

예 17. $\int_0^2 \{x-[x]\}\,dx = \int_0^1 \{x-[x]\}\,dx + \int_1^2 \{x-[x]\}\,dx$

$$= \lim_{c\to 1-}\int_0^c x\,dx + \lim_{d\to 2-}\int_1^d (x-1)\,dx = 1\,.$$

이를 확장하여, 함수 f 가 $[a,b]$ 에서 n 개의 내부 점 $x=c_1,\cdots,c_n$ 에서 불연속

이거나 정의되지 않은 경우 (단, $a < c_1 < \cdots < c_n < b$, $n = 1, 2, 3, \cdots$)

$$\int_a^b f(x)\,dx = \int_a^{c_1} f(x)\,dx + \int_{c_1}^{c_2} f(x)\,dx + \cdots + \int_{c_n}^b f(x)\,dx.$$

다음 이상적분은 실제 응용에서 자주 나타나므로 암기할 가치가 있다.

- $\int_1^\infty \frac{1}{x^p}\,dx < \infty$ if and only if $p > 1$.
- $\int_0^1 \frac{1}{x^p}\,dx < \infty$ if and only if $p < 1$.
- $\int_0^1 \frac{1}{x}\,dx = \infty$, $\int_1^\infty \frac{1}{x}\,dx = \infty$.

<u>극좌표에서의 도형의 면적</u>

극좌표 함수 $r = f(\theta)$가 $a \leq \theta \leq b$에서 연속이라고 하자. 반경이 $r = f(\theta)$, 중심각이 $d\theta$인 좁은 부채꼴의 면적은

$$dS = \pi r^2 \cdot \frac{d\theta}{2\pi} = \frac{1}{2} r^2\,d\theta$$

이다. <그림 3>을 보라. 따라서 전체 면적은

$$S = \int_a^b \frac{1}{2} r^2\,d\theta = \int_a^b \frac{1}{2} f(\theta)^2\,d\theta$$

가 된다.

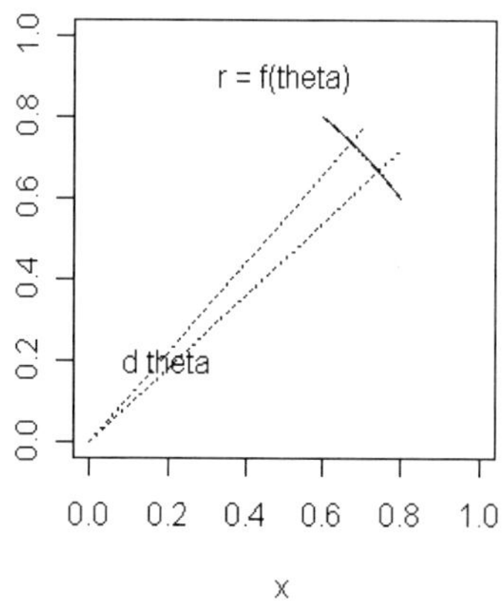

<그림 3> 극좌표에서의 적분

```
* g1 <- function(x) 0.9*x
  g2 <- function(x) 1.1*x
  f <- function(x) sqrt(1-x^2)
  plot(f, 0.6, 0.8, xlim=c(0,1), ylim=c(0,1), ylab="" )
  par(new=T)
  plot(g1,0,0.8,xlim=c(0,1),ylim=c(0,1),ylab="",lty=3)
  par(new=T)
  plot(g2,0,0.7,xlim=c(0,1),ylim=c(0,1),ylab="",lty=3)
  text(0.2,0.2,"theta")
  text(0.5, 0.9, "r = f(theta)")
```

예 18. 반경이 1인 원 ($r = 1,\ 0 \leqq \theta \leqq 2\pi$)의 면적은?

풀이. $S = \int_0^{2\pi} \frac{1}{2} r^2 \, d\theta = \int_0^{2\pi} \frac{1}{2} \, d\theta = \pi$.

예 19. $r = 1 - \cos\theta,\ 0 \leqq \theta \leqq 2\pi$로 정의되는 심장도형(cardioid)의 면적은?

<그림 4> 참조.

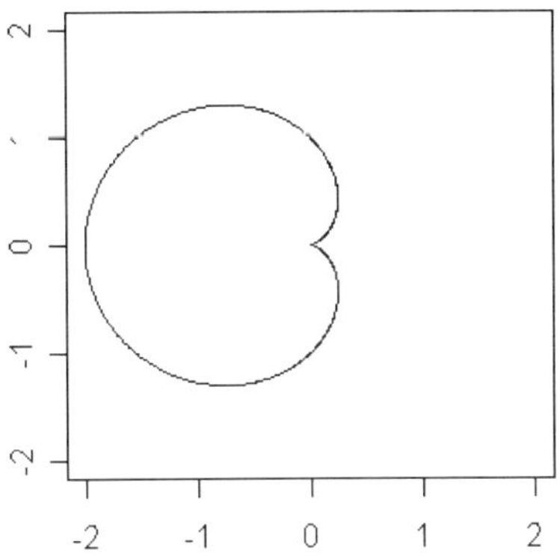

<그림 2> 심장도형(cardioid): $r = 1 - \cos\theta,\ 0 \leqq \theta \leqq 2\pi$

```
* theta <- seq(0, 2*pi, 0.01)
  r <- 1 - cos(theta)
  x <- r*cos(theta); y <- r*sin(theta)
  plot(y ~ x, xlim=c(-2,2), ylim=c(-2,2), xlab="", ylab="", type="l")
```

풀이. $S = \int_0^{2\pi} \frac{1}{2} r^2\, d\theta = \int_0^{2\pi} \frac{1}{2}(1-\cos\theta)^2\, d\theta$

$$= \int_0^{2\pi} \frac{1}{2}(1 - 2\cos\theta + \cos^2\theta)\, d\theta$$

$$= \int_0^{2\pi} \frac{1}{2}\left(1 - 2\cos\theta + \frac{1}{2}(\cos(2\theta) + 1)\right) d\theta \quad (\because\ \cos(2\theta) = 2\cos^2\theta - 1)$$

$$= \int_0^{2\pi} \left(\frac{3}{4} - \cos\theta + \frac{1}{4}\cos(2\theta)\right) d\theta = \frac{3\pi}{2}.$$

3절. 여러 사례

예 20. $I_n = \int_0^\infty e^{-x} x^{n-1} dx$, $n = 1, 2, 3, \cdots$ 을 구해보자.

풀이. $I_1 = \int_0^\infty e^{-x} dx = [-e^{-x}]_0^\infty = 1$.

$n \geq 2$ 인 경우,

$$I_n = [-e^{-x} \cdot x^{n-1}]_0^\infty - \int_0^\infty (-e^{-x}) \cdot (n-1) x^{n-2} dx$$

$$= (n-1) \int_0^\infty e^{-x} x^{n-2} dx = (n-1) I_{n-1}.$$

따라서

$$I_2 = 1 \cdot I_1 = 1, \qquad I_3 = 2 \cdot I_2 = 2 \cdot 1,$$

$$I_4 = 3 \cdot I_3 = 3 \cdot 2 \cdot 1, \qquad I_5 = 4 \cdot I_4 = 4 \cdot 3 \cdot 2 \cdot 1.$$

일반화하면

$$I_n = (n-1)! \quad \text{for } n \geq 2.$$ ☑

예 20의 적분을 일반화하여

$$\Gamma(\alpha) = \int_0^\infty e^{-x} x^{\alpha-1} dx, \quad \text{for } \alpha > 0 \tag{3}$$

으로 정의하자 (이를 수학자들은 감마 함수(gamma function)라고 한다). (3)을 재표현하면

$$\int_0^\infty \frac{1}{\Gamma(\alpha)} e^{-x} x^{\alpha-1} dx = 1, \quad \text{for } \alpha > 0. \tag{4}$$

그리고 피적분 함수가 비음(non-negative)이므로

$$f(x; \alpha) = \frac{1}{\Gamma(\alpha)} e^{-x} x^{\alpha-1}, \quad x > 0, \ \alpha > 0$$

은 확률밀도함수(probability density function)가 된다. 통계학에서 이 분포를 감마분포 Gamma(α, 1)이라고 한다.

(4)에서 $x = t/\beta$로 치환하면 (β는 양의 상수), $dx = dt/\beta$이므로

$$\int_0^{\infty} \frac{1}{\Gamma(\alpha)\beta^{\alpha}} e^{-\frac{t}{\beta}} t^{\alpha-1} dt = 1, \quad \text{for } \alpha > 0,\ \beta > 0$$

이 된다. 따라서

$$f(x;\alpha,\beta) = \frac{1}{\Gamma(\alpha)\beta^{\alpha}} e^{-\frac{x}{\beta}} x^{\alpha-1}, \quad x > 0,\ \alpha > 0,\ \beta > 0$$

도 확률밀도함수(probability density function)가 되는데 이 분포를 감마분포 Gamma(α, β)라고 한다. 그리고 $\alpha = k/2$이고 $\beta = 2$인 감마분포를 자유도 k인 카이제곱 분포 $\chi^2(k)$라고 한다 ($k = 1, 2, 3, \cdots$). 즉 $\chi^2(k)$의 확률밀도함수는 다음과 같다.

$$f(x;k) = \frac{1}{\Gamma(k/2)\,2^{k/2}} e^{-\frac{x}{2}} x^{k/2-1}, \quad x > 0,\ k = 1, 2, 3, \cdots .$$

<그림 5>는 $\chi^2(k)$의 확률밀도함수를 보여준다. $\chi^2(k)$의 기대값은

$$\begin{aligned} E[X;k] &= \int_0^{\infty} x \cdot \frac{1}{\Gamma(k/2)\,2^{k/2}} e^{-\frac{x}{2}} x^{k/2-1} dx \\ &= \int_0^{\infty} \frac{1}{\Gamma(k/2)\,2^{k/2}} e^{-\frac{x}{2}} x^{(k+2)/2-1} dx \\ &= \frac{\Gamma((k+2)/2)\,2^{(k+2)/2}}{\Gamma(k/2)\,2^{k/2}} \\ &= k/2 \cdot 2 = k \quad (= \mu) \end{aligned}$$

이다. 왜냐하면

$$\begin{aligned} \Gamma(\alpha+1) &= \int_0^{\infty} e^{-x} x^{\alpha} dx \\ &= [-e^{-x} x^{\alpha}]_0^{\infty} + \int_0^{\infty} e^{-x} \cdot \alpha x^{\alpha-1} dx = \alpha \cdot \Gamma(\alpha) \end{aligned}$$

이기 때문이다. 유사하게 $\chi^2(k)$의 분산이 다음과 같음을 보일 수 있다.

$$Var[X;k] = \int_0^{\infty} (x-\mu)^2 \cdot \frac{1}{\Gamma(k/2)\,2^{k/2}} e^{-\frac{x}{2}} x^{k/2-1} dx = 2k.$$

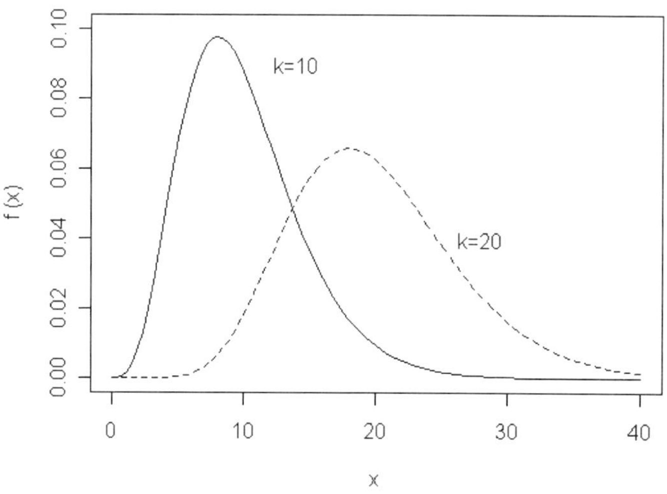

<그림 5> 카이제곱 분포의 확률밀도함수: $k=10$(실선)과 $k=20$(점선)

```
* f <- function(x) (x^(k/2-1))*exp(-x/2)/(gamma(k/2)*(2^(k/2)))
  k = 10;  plot(f, 0, 40, xlim=c(0,40), ylim=c(0,0.1))
  par(new=T)
  k = 20; plot(f, 0, 40, xlim=c(0,40), ylim=c(0,0.1), ylab="", lty=2)
  text(14, 0.09, "k=10")
  text(28, 0.04, "k=20")
```

예 21 (치환적분). $\int \sin^4 x \cos^5 x\, dx\ (=I)$를 구해보자.

풀이. $I=\int \sin^4 x \cos^4 x \cos x\, dx$ 이므로 $\sin x = u \Rightarrow \cos x\, dx = du$. 따라서

$$
\begin{aligned}
I &= \int \sin^4 x\ (1-\sin^2 x)^2 (\cos x)\, dx = \int u^4 (1-u^2)^2\, du \\
&= \int (u^4 - 2u^6 + u^8)\, du \\
&= \frac{1}{5}u^5 - \frac{2}{7}u^7 + \frac{1}{9}u^9 + C
\end{aligned}
$$

$$= \frac{1}{5}\sin^5 x - \frac{2}{7}\sin^7 x + \frac{1}{9}\sin^9 x + C.$$ ☑

예 22 (이중치환적분). $\int \frac{1}{x^2\sqrt{1+x^2}}\,dx\ (= I)$를 구해보자.

풀이. $x = \tan\theta\ (-\pi/2 < \theta < \pi/2)$로 놓으면 $dx = \frac{1}{\cos^2\theta}d\theta$.

그리고 $\sqrt{1+x^2} = \frac{1}{\cos\theta}$. 따라서 $I = \int \frac{\cos\theta}{\sin^2\theta}\,d\theta$.

$\sin\theta = t$로 놓으면 $\cos\theta\, d\theta = dt$.

$$\therefore\ I = \int \frac{1}{t^2}\,dt = -\frac{1}{t} + C = -\frac{1}{\sin\theta} + C.$$

그런데 $\sin\theta = \pm\sqrt{1-\cos^2\theta} = \pm\sqrt{1-\frac{1}{1+\tan^2\theta}} = \frac{x}{\sqrt{1+x^2}}$ 이므로

$$I = -\frac{\sqrt{1+x^2}}{x} + C.$$ ☑

예 23 (부분분수, partial fractions). $\int \frac{x^2+x-2}{3x^3-x^2+3x-1}dx\ (= I)$를 구해보자.

풀이. 분모를 인수분해하면 $3x^3-x^2+3x-1 = 3(x-1/3)(x^2+1)$ 이므로

$$\frac{x^2+x-2}{3x^3-x^2+3x-1} = \frac{A}{x-1/3} + \frac{Bx+C}{x^2+1}$$

꼴로 표현할 수 있고 (여기서 A, B, C는 상수), A, B, C는

$$x^2+x-2 = A(x^2+1)+(Bx+C)(x-1/3)$$

로부터 정할 수 있다:

$$A = -\frac{7}{15},\ B = \frac{12}{15},\ C = \frac{9}{15}.$$

$$\therefore\ I = \frac{1}{15}\int\left(-\frac{7}{x-1/3} + \frac{12x}{x^2+1} + \frac{9}{x^2+1}\right)dx$$

$$= \frac{1}{15}\left(-7\log|x-1/3| + 6\log(x^2+1) + 9\tan^{-1}x\right) + C,$$

$$\text{for } x \neq 1/3.$$

왜냐하면 $\dfrac{d}{dx}\tan^{-1}x = \dfrac{1}{1+x^2}$ 이므로 (왜?). ☑

4장. 편미분

통계적 추론에서는 2개 이상의 파라미터로 표현되는 가능도(likelihood)라는 함수를 다루게 되는데 이 함수가 어디서 최대값을 갖는지를 찾기 위해서 다변수 함수에 대한 편미분을 활용하게 된다. 이 장에서는 주로 이변수 함수를 다루게 될 것이지만 이변수 함수의 편미분을 이해하면 다변수 함수의 편미분으로의 확장은 쉽게 된다.

1절. 이변수 함수

이변수 함수(a function of two variables)는 $\mathbb{R}^2$상의 한 점 (x, y)에 하나의 실수값 z를 대응시키는 함수이다. 즉,

$$f : (x, y) \rightarrow z \quad (\text{여기서 } x, y, z \in \mathbb{R}).$$

더욱 넓혀, 다변수 함수(a function of several variables)는 $\mathbb{R}^p$상의 한 점 $(x_1, \cdots, x_p)$에 하나의 실수값 z를 대응시키는 함수이다 $(p \geqq 2)$. 즉,

$$f : (x_1, \cdots, x_p) \rightarrow z \quad (\text{여기서 } x_1, \cdots, x_p, z \in \mathbb{R}).$$

예 1. $f(x, y) = \dfrac{1}{2\pi} e^{-\frac{x^2+y^2}{2}}, \ -\infty < x < \infty, -\infty < y < \infty.$

이 함수는 이변량 정규 밀도함수(bivariate normal density function)로 알려져 있다. 예컨대 $(0,0)$에서 함수 값은 $(2\pi)^{-1}(=k)$이고 $(1,1)$에서 함수 값은 k/e이다. $(2,2)$에서 함수 값은 k/e^4이다.

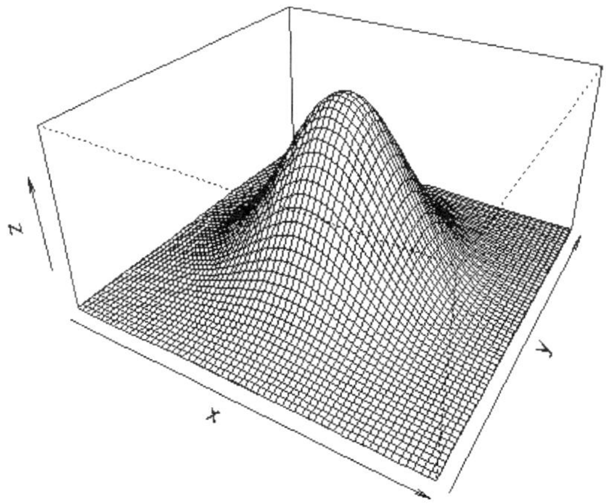

<그림 1> 이변수 함수 $f(x, y) = \frac{1}{2\pi} e^{-\frac{x^2+y^2}{2}}$ 의 3D 플롯

```
R 코드:
f <- function(x, y) 1/(2*pi)*exp(-(x^2+y^2)/2)
x <- seq(-3,3,0.1)
y <- seq(-3,3,0.1)
z <- outer(x, y, f)
persp(x, y, z, theta=30, phi=30, expand=0.5)
```

<그림 1>은 이 함수에 대한 3D 플롯이고 <그림 2>는 등고선 플롯(contour plot)이다. 여기서 등고선(等高線, contour line)은

$$\{(x,y): f(x,y) = c\}, \quad c\text{는 상수}$$

로 정의된다.

이변수 함수의 극한(極限, limit)도 일변수 함수의 극한과 같은 방식으로 정의한다. 즉,

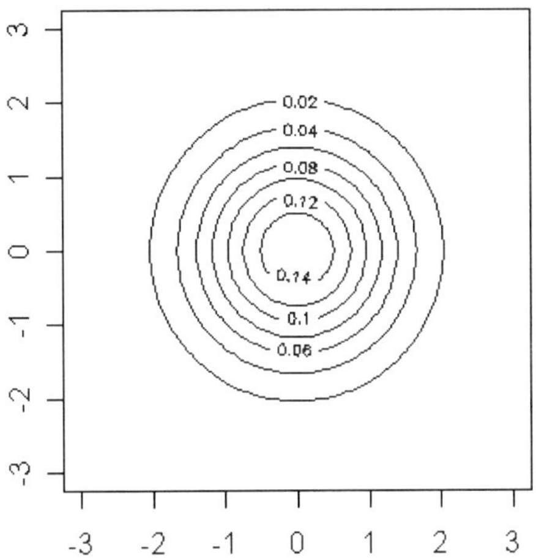

<그림 2> 이변수 함수 $f(x, y) = \frac{1}{2\pi} e^{-\frac{x^2 + y^2}{2}}$ 의 등고선 플롯

R 코드:

```
f <- function(x, y) 1/(2*pi)*exp(-(x^2+y^2)/2)
x <- seq(-3,3,0.1)
y <- seq(-3,3,0.1)
z <- outer(x, y, f)
contour(x, y, z)
```

$$\lim_{(x,y)\to(x_0,y_0)} f(x,y) = L \quad \text{if and only if}$$

There exists $\delta > 0$ such that

$$0 < \sqrt{(x - x_0)^2 + (y - y_0)^2} < \delta \text{ implies } |f(x,y) - L| < \epsilon$$

for any $\epsilon > 0$.

예 2. (x,y)가 $(0,0)$으로 접근함에 따른 $f(x,y)=\frac{1}{2\pi}e^{-\frac{x^2+y^2}{2}}$의 극한값은 $(2\pi)^{-1}$이다. 왜냐하면 $\delta=\sqrt{\epsilon}$으로 정하는 경우

$$0<\sqrt{x^2+y^2}<\delta$$

$$\Rightarrow \left|\frac{1}{2\pi}e^{-\frac{x^2+y^2}{2}}-\frac{1}{2\pi}\right|<\frac{x^2+y^2}{4\pi}<\delta^2=\epsilon$$

이 되기 때문이다 ($\because\ 0<1-\exp(-u)<u \ \text{ for } u>0$).

예 3. $\lim_{(x,y)\to(0,0)}\frac{x^4+y^4}{x^2+y^2}$은?

풀이: $x=r\cos\theta,\ y=r\sin\theta$로 변환하자. 그러면

$$(x,y)\to(0,0) \quad \Leftrightarrow \quad r\to 0.$$

$$\therefore \lim_{(x,y)\to(0,0)}\frac{x^4+y^4}{x^2+y^2}=\lim_{r\to 0}\frac{r^4(\cos^4\theta+\sin^4\theta)}{r^2}=0.$$ ☑

<그림 3>은 예 3의 함수 $f(x,y)=\frac{x^4+y^4}{x^2+y^2}$, $(x,y)\neq(0,0)$에 대한 3D 플롯이다. $\lim_{(x,y)\to(0,0)}f(x,y)=0$이므로 $f(0,0)=0$으로 정의하면 $f(x,y)$는 $(0,0)$에서 이어질 것이다. 이변수 함수의 연속성에 대한 정의는 다음과 같다.

1) $f(x_0,y_0)$가 존재하고,

2) $\lim_{(x,y)\to(x_0,y_0)}f(x,y)$가 존재하며,

3) $\lim_{(x,y)\to(x_0,y_0)}f(x,y)=f(x_0,y_0)$.

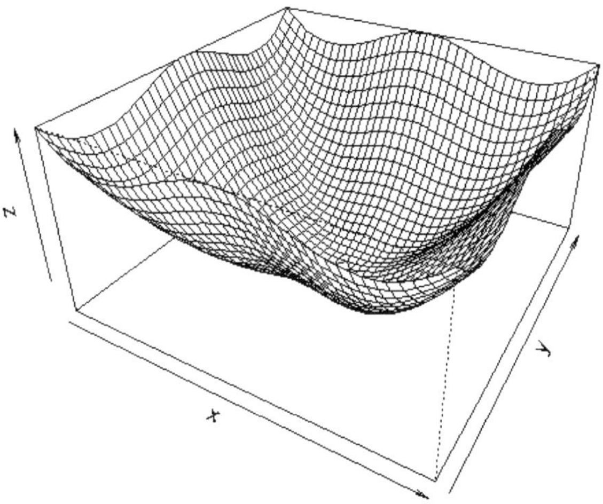

<그림 3> 이변수 함수 $f(x, y) = \dfrac{x^4 + y^4}{x^2 + y^2}$의 3D 플롯

```
* f <- function(x, y) (x^4+y^4)/(x^2+y^2)
  x <- seq(-1,1,0.05)
  y <- seq(-1,1,0.05)
  z <- outer(x, y, f)
  persp(x, y, z, theta=30, phi=30, expand=0.5)
```

예 4. $f(x, y) = \dfrac{2xy}{x^2 + y^2}$, $(x, y) \neq (0,0)$의 경우를 생각하여 보자.

1) $y = x (= t)$를 따라 x와 y가 0으로 접근해가면

$$\lim_{x \to 0,\, y \to 0} \frac{2xy}{x^2 + y^2} = \lim_{t \to 0} \frac{2t^2}{t^2 + t^2} = 1 .$$

2) $y = -x (= -t)$를 따라 x와 y가 0으로 접근해가면

$$\lim_{x \to 0,\, y \to 0} \frac{2xy}{x^2 + y^2} = \lim_{t \to 0} \frac{-2t^2}{t^2 + (-t)^2} = -1 .$$

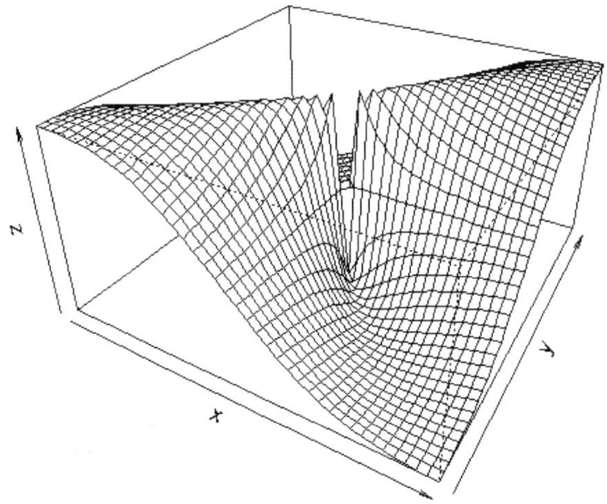

<그림 4> 이변수 함수 $f(x, y) = \dfrac{2xy}{x^2+y^2}$의 3D 플롯

```
* f <- function(x, y) 2*x*y/(x^2+y^2)
  x <- seq(-1,1,0.05)
  y <- seq(-1,1,0.05)
  z <- outer(x, y, f)
  persp(x, y, z, theta=30, phi=30, expand=0.5)
```

따라서 $f(0,0)$을 어떻게 정의하더라도 $f(x,y)$를 $(0,0)$에서 연속이 되도록 할 수 없다. <그림 4>의 3D 플롯을 보라. $f(x,y)$가 $y=x(\neq 0)$ 상에서는 일정 높이의 능선(稜線, ridge) 길이고 $y=-x(\neq 0)$상에서는 일정 높이의 계곡 길이다. 따라서 직선 $y=x$와 $y=-x$이 만나는 $(0,0)$에서는 함수 표면이 부드럽게 연결될 수 없다.

2절. 편도함수

연속인 이변수 함수 f 에 대하여 다음 극한이 존재하는 경우 그것을 편도함수(偏導函數, partial derivative)라고 한다.

$$f_x(x_0, y_0) = \lim_{h \to 0} \frac{1}{h}\{f(x_0+h, y_0) - f(x_0, y_0)\},$$

$$f_y(x_0, y_0) = \lim_{k \to 0} \frac{1}{k}\{f(x_0, y_0+k) - f(x_0, y_0)\}.$$

즉, 편미분 가능한 이변수 함수에 대하여는 2개의 편도함수가 존재한다.

<그림 5>와 연결지어 보자면, $f_x(x_0, y_0)$는 $y = y_0$ 인 (x, z)-평면에서 두 점

$$(x_0, f(x_0, y_0)),\ (x_0+h, f(x_0+h, y_0))$$

을 잇는 직선의 기울기이고 (for very small h), $f_y(x_0, y_0)$는 $x = x_0$ 인 (y, z)-평면에서 두 점

$$(y_0, f(x_0, y_0)),\ (y_0+k, f(x_0, y_0+k))$$

를 잇는 직선의 기울기라고 할 수 있다 (for very small k). $f_x(x, y)$을 $\frac{\partial f}{\partial x}$ 또는 $D_x f$ 나 $D_1 f$ 로, $f_y(x, y)$을 $\frac{\partial f}{\partial y}$ 또는 $D_y f$ 나 $D_2 f$ 로 표기하기도 한다.

p-변수 함수 $f(x_1, \cdots, x_p)$에 대한 편도함수도 앞에서와 같이 정의할 수 있으며 $\frac{\partial f}{\partial x_1}, \cdots, \frac{\partial f}{\partial x_p}$ 또는 $D_1 f, \cdots, D_p f$ 로 표기한다.

이변수 함수 $f(x, y)$에 대한 편도함수를 구하는 요령은 다음과 같다.

1) $\frac{\partial f}{\partial x}$는 $f(x, y)$를 x로 미분하여 얻는다. 이 때, y는 상수로 간주된다.

2) $\frac{\partial f}{\partial y}$는 $f(x, y)$를 y로 미분하여 얻는다. 이 때, x는 상수로 간주된다.

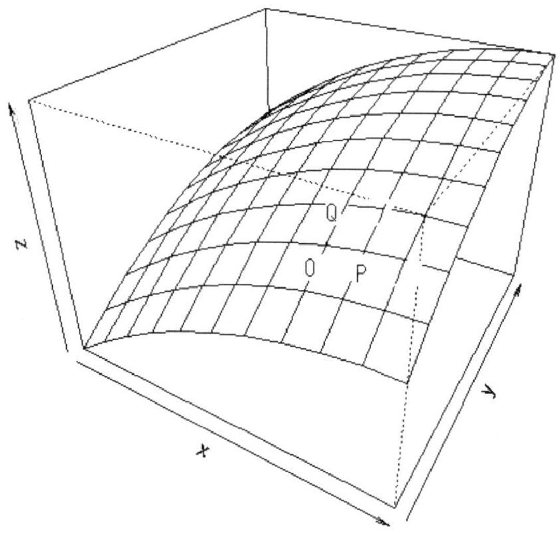

<그림 5> (x_0, y_0)에서의 이변수 함수 $z = f(x,y)$의 국소적 기울기:
O:$(x_0, y_0, f(x_0, y_0))$, P:$(x_0+h, y_0, f(x_0+h, y_0))$, Q:$(x_0, y_0+k, f(x_0, y_0+k))$

```
* f <- function(x, y) -x^2-y^2
  x <- seq(-1,0,0.1)
  y <- seq(-1,0,0.1)
  z <- outer(x, y, f)
  persp(x, y, z, theta=30, phi=30, expand=0.75)
```

편도함수를 구하는 것을 편미분(偏微分, partial differentiation)한다고 한다.

예 5. $(1,0)$에서 $f(x, y) = 2x^2 + y^2 + xy$에 대한 편미분계수를 구해보라.

풀이. $\dfrac{\partial f}{\partial x} = 4x + y$ 이고 $\dfrac{\partial f}{\partial y} = 2y + x$. $\therefore$ $\dfrac{\partial f}{\partial x}(1,0) = 4$, $\dfrac{\partial f}{\partial y}(1,0) = 1$.

예 6. (1,0)에서 $f(x, y) = \frac{1}{2\pi} e^{-\frac{x^2+y^2}{2}}$에 대한 편미분계수를 구해보라.

풀이. $\frac{\partial f}{\partial x} = \frac{1}{2\pi} e^{-\frac{x^2+y^2}{2}} (-x)$ 이고 $\frac{\partial f}{\partial y} = \frac{1}{2\pi} e^{-\frac{x^2+y^2}{2}} (-y)$.

$$\therefore \quad \frac{\partial f}{\partial x}(1,0) = -\frac{1}{2\pi} e^{-0.5}, \quad \frac{\partial f}{\partial y}(1,0) = 0.$$ ☑

2계 편도함수(second partial derivatives) $\frac{\partial^2 f}{\partial x^2}, \frac{\partial^2 f}{\partial y \partial x}, \frac{\partial^2 f}{\partial x \partial y}, \frac{\partial^2 f}{\partial y^2}$의 정의:

$$\frac{\partial^2 f}{\partial x^2} = \frac{\partial}{\partial x}\left(\frac{\partial f}{\partial x}\right) \ (= f_{xx}), \qquad \frac{\partial^2 f}{\partial y \partial x} = \frac{\partial}{\partial y}\left(\frac{\partial f}{\partial x}\right) \ (= f_{xy}),$$

$$\frac{\partial^2 f}{\partial x \partial y} = \frac{\partial}{\partial x}\left(\frac{\partial f}{\partial y}\right) \ (= f_{yx}), \qquad \frac{\partial^2 f}{\partial y^2} = \frac{\partial}{\partial y}\left(\frac{\partial f}{\partial y}\right) \ (= f_{yy}).$$

예 7. $f(x, y) = 2x^2 + y^2 + xy$에 대한 2계 편미분계수를 구해보라.

풀이. $\frac{\partial f}{\partial x} = 4x + y \quad \Rightarrow \quad \frac{\partial^2 f}{\partial x^2} = \frac{\partial}{\partial x}\left(\frac{\partial f}{\partial x}\right) = 4, \quad \frac{\partial^2 f}{\partial y \partial x} = \frac{\partial}{\partial y}\left(\frac{\partial f}{\partial x}\right) = 1.$

$\frac{\partial f}{\partial y} = 2y + x \quad \Rightarrow \quad \frac{\partial^2 f}{\partial x \partial y} = \frac{\partial}{\partial x}\left(\frac{\partial f}{\partial y}\right) = 1, \quad \frac{\partial^2 f}{\partial y^2} = \frac{\partial}{\partial y}\left(\frac{\partial f}{\partial y}\right) = 2.$

이 경우 2계 도함수는 모두 상수이다. ☑

예 8. (1,0)에서 $f(x, y) = \frac{1}{2\pi} e^{-\frac{x^2+y^2}{2}}$에 대한 2계 편미분계수를 구해보라.

풀이. $\frac{\partial f}{\partial x} = \frac{1}{2\pi} e^{-\frac{x^2+y^2}{2}} (-x)$ 이고 $\frac{\partial f}{\partial y} = \frac{1}{2\pi} e^{-\frac{x^2+y^2}{2}} (-y)$ 이므로

$$\frac{\partial^2 f}{\partial x^2} = \frac{\partial}{\partial x}\left(\frac{\partial f}{\partial x}\right) = \frac{1}{2\pi} e^{-\frac{x^2+y^2}{2}} (-x)^2 + \frac{1}{2\pi} e^{-\frac{x^2+y^2}{2}} (-1),$$

$$\frac{\partial^2 f}{\partial y \partial x} = \frac{\partial}{\partial y}\left(\frac{\partial f}{\partial x}\right) = \frac{1}{2\pi} e^{-\frac{x^2+y^2}{2}} (-x)(-y),$$

$$\frac{\partial^2 f}{\partial x \partial y} = \frac{\partial}{\partial x}\left(\frac{\partial f}{\partial y}\right) = \frac{1}{2\pi} e^{-\frac{x^2+y^2}{2}} (-y)(-x),$$

$$\frac{\partial^2 f}{\partial y^2} = \frac{\partial}{\partial y}\left(\frac{\partial f}{\partial y}\right) = \frac{1}{2\pi} e^{-\frac{x^2+y^2}{2}} (-y)^2 + \frac{1}{2\pi} e^{-\frac{x^2+y^2}{2}} (-1).$$

따라서 (1,0)에서 2계 편미분계수는 다음과 같다.

$$\frac{\partial^2 f}{\partial x^2} = \frac{\partial}{\partial x}\left(\frac{\partial f}{\partial x}\right) = 0, \qquad \frac{\partial^2 f}{\partial y \partial x} = \frac{\partial}{\partial y}\left(\frac{\partial f}{\partial x}\right) = 0,$$

$$\frac{\partial^2 f}{\partial x \partial y} = \frac{\partial}{\partial x}\left(\frac{\partial f}{\partial y}\right) = 0, \quad \frac{\partial^2 f}{\partial y^2} = \frac{\partial}{\partial y}\left(\frac{\partial f}{\partial y}\right) = -\frac{1}{2\pi} e^{-0.5}.$$ ☑

앞의 두 예를 보면 $\frac{\partial^2 f}{\partial y \partial x} = \frac{\partial^2 f}{\partial x \partial y}$ 이다. $\frac{\partial^2 f}{\partial y \partial x}$ 와 $\frac{\partial^2 f}{\partial x \partial y}$ 가 연속이면 이것이 성립하는 것으로 알려져 있다 (Clairaut's Theorem).

연속 이변수 함수 $z = f(x,y)$은 3D 공간에서 곡면(曲面, curved surface)을 형성한다. 곡면상의 한 점 O:(x_0, y_0)에서 접평면(接平面, tangent plane)은 다음 1차 함수로 결정된다.

L: $z = A(x - x_0) + B(y - y_0) + C$,

여기서 $A = f_x(x_0, y_0)$, $B = f_y(x_0, y_0)$, $C = f(x_0, y_0)$.

L이 접평면이 되는 이유는 (x_0, y_0)에서 $z = f(x,y)$과 교점을 갖고 $f(x,y)$와 같은 편미분계수를 갖기 때문이다. <그림 6>을 보라.

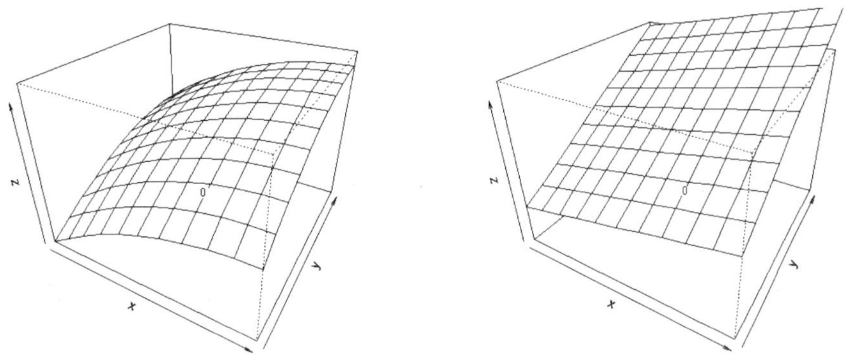

<그림 6> 점 $O:(x_0, y_0)$에서 곡면 $z=f(x,y)$에 대한 접평면

```
* f <- function(x, y) -x^2-y^2
  x <- seq(-1,0,0.1)
  y <- seq(-1,0,0.1)
  z <- outer(x, y, f)
  persp(x, y, z, theta=30, phi=30, expand=0.75,
  zlim=c(-2,0.2))
  x11()
  g <- function(x, y) -0.73 + 0.6*(x+0.3) + 1.6*(y+0.8)
  x <- seq(-1,0,0.1)
  y <- seq(-1,0,0.1)
  z <- outer(x, y, g)
  persp(x, y, z, theta=30, phi=30, expand=0.75,
  zlim=c(-2,0.2))
```

예 9: $(-0.3, -0.8)$에서 $f(x,y) = -x^2 - y^2$에 대한 접평면 방정식을 구하라.

풀이. $\frac{\partial f}{\partial x} = -2x$ 이고 $\frac{\partial f}{\partial y} = -2y$ 이므로

$$\frac{\partial f}{\partial x}(-0.3, -0.8) = 0.6 \ (=A), \ \frac{\partial f}{\partial y}(-0.3, -0.8) = 1.6 \ (=B).$$

그리고 $f(-0.3, -0.8) = -0.73 \ (=C)$. 따라서 접평면의 방정식은

$$\begin{aligned} z &= A\,(x - x_0) + B\,(y - y_0) + C \\ &= 0.6\,(x + 0.3) + 1.6\,(y + 0.8) - 0.73\,. \end{aligned}$$ ☑

정의: $z = f(x, y)$라고 하자.

$$f(a+\Delta x,\, b+\Delta y) - f(a,b) = f_x(a,b)\,\Delta x + f_y(a,b)\,\Delta y + \epsilon_1\,\Delta x + \epsilon_2\,\Delta y\,,$$

$$\text{where } \epsilon_1 \to 0,\ \epsilon_2 \to 0 \ \text{ as } (\Delta x, \Delta y) \to (0,0)$$

로 표현되면 f 가 (a, b)에서 미분가능하다 (f is differentiable).

정리 1: 편도함수 f_x 와 f_y 가 (a, b) 부근에서 존재하고 연속이면 f 가 (a, b) 에서 미분가능하다.

제 1 연쇄법칙(chain rule). $z = f(x, y)$, $x = x(t)$, $y = y(t)$ 이고 모두 미분가능하면 $z = f(x(t), y(t))$는 t 로 미분가능하고

$$\frac{dz}{dt} = \frac{\partial z}{\partial x}\frac{dx}{dt} + \frac{\partial z}{\partial y}\frac{dy}{dt}.$$

증명. $\Delta z = f(x + \Delta x,\, y + \Delta y) - f(x,y) = f_x\,\Delta x + f_y\,\Delta y + \epsilon_1\,\Delta x + \epsilon_2\,\Delta y$ 이므로

$$\frac{\Delta z}{\Delta t} = f_x\frac{\Delta x}{\Delta t} + f_y\frac{\Delta y}{\Delta t} + \epsilon_1\frac{\Delta x}{\Delta t} + \epsilon_2\frac{\Delta y}{\Delta t}\,.$$

$\Delta t \to 0$에 따라 $\Delta x \to 0$, $\Delta y \to 0$, 연이어 $\epsilon_1 \to 0$, $\epsilon_2 \to 0$ 이 되므로

$$\begin{aligned} \frac{dz}{dt} &= \lim_{\Delta t \to 0}\frac{\Delta z}{\Delta t} = \lim_{\Delta t \to 0}\left\{ f_x\frac{\Delta x}{\Delta t} + f_y\frac{\Delta y}{\Delta t} + \epsilon_1\frac{\Delta x}{\Delta t} + \epsilon_2\frac{\Delta y}{\Delta t}\right\} \\ &= f_x\frac{dx}{dt} + f_y\frac{dy}{dt}. \end{aligned}$$ ☑

예 10. $z = x^3 y^2$, $x = t$, $y = t^2$ 이라고 하자. 그러면

$$\frac{dz}{dt} = 3x^2y^2\frac{dx}{dt} + 2x^3y\frac{dy}{dt} = 3x^2y^2 + 2x^3y(2t) = 3t^6 + 4t^6 = 7t^6.$$

이 경우는 단순하게 결과를 검토해볼 수 있다. 즉,

$$z = x^3y^2 = t^3(t^2)^2 = t^7. \qquad \therefore \ \frac{dz}{dt} = 7t^6.$$ ☑

제 2 연쇄법칙. $z = f(x,y)$, $x = x(s,t)$, $y = y(s,t)$ 이고 모두 편미분가능하면 $z = f(x(s,t), y(s,t))$ 는 s 와 t 로 편미분가능하고

$$\frac{\partial z}{\partial s} = \frac{\partial z}{\partial x}\frac{\partial x}{\partial s} + \frac{\partial z}{\partial y}\frac{\partial y}{\partial s},$$

$$\frac{\partial z}{\partial t} = \frac{\partial z}{\partial x}\frac{\partial x}{\partial t} + \frac{\partial z}{\partial y}\frac{\partial y}{\partial t}.$$

예 11. $z = x^3y^2$, $x = s^2t$, $y = st^2$ 이라고 하자. 그러면

$$\frac{\partial z}{\partial s} = 3x^2y^2\frac{\partial x}{\partial s} + 2x^3y\frac{\partial y}{\partial s} = 3x^2y^2(2st) + 2x^3yt^2$$

$$= 3(s^2t)^2(st^2)^2(2st) + 2(s^2t)^3(st^2)t^2 = 8s^7t^7.$$

이 경우는 단순한 방법으로 결과를 재검할 수 있다. 즉,

$$z = x^3y^2 = (s^2t)^3(st^2)^2 = s^8t^7. \qquad \therefore \ \frac{\partial z}{\partial t} = 8s^7t^7.$$

이와 같은 재검 방법이 항상 있는 것은 아니다. 그래서 연쇄법칙이 가치가 있다. ☑

음함수(陰函數, implicit function)의 미분

$f(x,y) = 0$ 의 형태로 y 가 x 의 함수로 표현된다고 하자. f_x 와 f_y 가 존재하고 연속이며 $f_y \neq 0$ 이면

$$\frac{dy}{dx} = -\frac{f_x(x,y)}{f_y(x,y)}.$$

증명. $f(x,y)=0$의 양변을 x로 미분하면 $\frac{df}{dx}=0$. y가 x의 함수이므로 제 1 연쇄법칙에 의하여 $\frac{df}{dx}=\frac{\partial f}{\partial x}\frac{dx}{dx}+\frac{\partial f}{\partial y}\frac{dy}{dx}$.

따라서 $\frac{\partial f}{\partial x}+\frac{\partial f}{\partial y}\frac{dy}{dx}=0$. $\quad\therefore\ \frac{dy}{dx}=-\frac{\partial f/\partial x}{\partial f/\partial y}$. ☑

예 12. (x,y)는 $x^3+y^3=6xy$ 상에 있다. $\frac{dy}{dx}$를 구해보라.

풀이. $f(x,y)=x^3+y^3-6xy$로 잡으면 음함수 $f(x,y)=0$의 꼴이 된다.

$$\therefore\quad \frac{dy}{dx}=-\frac{f_x(x,y)}{f_y(x,y)}=-\frac{3x^2-6y}{3y^2-6x}.$$

이 예에선 다음과 같이 직접 도함수 $\frac{dy}{dx}$를 구할 수 있다.

$x^3+y^3=6xy$의 양변을 x로 미분하면 (y가 x의 함수이므로)

$$3x^2+3y^2\frac{dy}{dx}=6y+6x\frac{dy}{dx}.$$

$$\therefore\quad (3y^2-6x)\frac{dy}{dx}=-3x^2+6y$$

$$\therefore\quad \frac{dy}{dx}=\frac{6y-3x^2}{3y^2-6x}.$$

☑

3절. 이변수 함수의 극대와 극소

$f(x,y)$가 $\mathbb{R}^2$상의 한 점 (x_0, y_0)의 근방에 속한 모든 점 (x,y)에서

$$f(x,y) \leqq f(x_0, y_0)$$

일 때 f가 (x_0, y_0)에서 극대(極大, relative maximum)이다 (정의).

$f(x,y)$가 $\mathbb{R}^2$상의 한 점 (x_0, y_0)의 근방에 속한 모든 점 (x,y)에서

$$f(x,y) \geqq f(x_0, y_0)$$

일 때 f가 (x_0, y_0)에서 극소(極小, relative minimum)이다 (정의).

정리 2. f가 (x_0, y_0)에서 극대(극소)이고 미분가능하면

$$f_x(x_0, y_0) = 0,\ f_y(x_0, y_0) = 0.$$

증명. 함수 g를 $g(x) = f(x, y_0)$로 정의하면 g는 x_0에서 극대(극소)이고 미분가능하다. 따라서 $g'(x_0) = 0$. 그런데 $g'(x_0) = f_x(x_0, y_0)$이므로 $f_x(x_0, y_0) = 0$. 마찬가지로 $f_y(x_0, y_0) = 0$ 임을 보일 수 있다. ☑

따라서 $f(x,y)$가 미분가능한 함수인 경우, 극대·극소가 존재할 가능성이 있는 곳은 다음과 같다.

1) $f_x(x_0, y_0) = 0,\ f_y(x_0, y_0) = 0.$

2) 정의역의 경계.

예 13. $f(x,y) = x^2 + y^2 + xy$의 극대·극소를 탐색하라.

풀이. $f_x(x,y) = 2x + y = 0,\ f_y(x,y) = x + 2y = 0. \Rightarrow x = 0,\ y = 0.$

따라서 $(0,0)$에서 극대 또는 극소일 가능성이 있다. 사실 이 점에서 f가 극소이지만 ($\because f(x,y) = (x+0.5y)^2 + 0.75y^2 \geq 0$) 지금까지 배운 바로는 그래야 할 논리적 필연성이 있는 것은 아니다. <그림 7> 참조. ☑

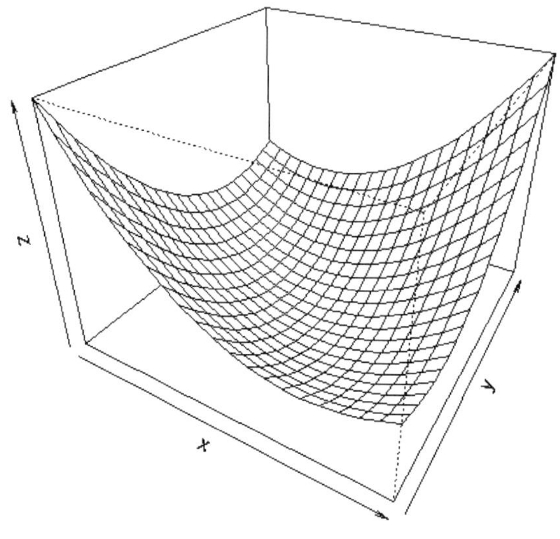

<그림 7> $f(x,y) = x^2 + y^2 + xy$ 의 3D 플롯 $(-1 \leqq x \leqq 1,\ -1 \leqq y \leqq 1)$.

```
* f <- function(x, y) x^2 + y^2 + x*y
  x <- seq(-1,1,0.1)
  y <- seq(-1,1,0.1)
  z <- outer(x, y, f)
  persp(x, y, z, theta=30, phi=30, expand=0.75)
```

미분가능함수 $f(x,y)$의 극대·극소의 판정 방법: 2계 도함수 테스트

$f(x,y)$가 (x_0, y_0)에서 $f_x(x,y)=0$, $f_y(x,y)=0$ 이고 연속인 2계 편도함수를 갖는다고 하자. 그리고 판정식 $D(x_0, y_0)$을 다음과 같이 정의하자.

$$D(x_0, y_0) = \det \begin{pmatrix} \dfrac{\partial^2 f}{\partial x^2} & \dfrac{\partial^2 f}{\partial y\, \partial x} \\ \dfrac{\partial^2 f}{\partial x\, \partial y} & \dfrac{\partial^2 f}{\partial y^2} \end{pmatrix} \left(= \frac{\partial^2 f}{\partial x^2} \cdot \frac{\partial^2 f}{\partial y^2} - \left(\frac{\partial^2 f}{\partial x\, \partial y} \right)^2 \right).$$

여기서 'det'는 determinant (행렬식)를 말한다.

1) $\dfrac{\partial^2 f}{\partial x^2} > 0$ and $D(x_0, y_0) > 0$ 이면 f 가 (x_0, y_0) 에서 극소이다.

2) $\dfrac{\partial^2 f}{\partial x^2} < 0$ and $D(x_0, y_0) > 0$ 이면 f 가 (x_0, y_0) 에서 극대이다.

3) $D(x_0, y_0) < 0$ 이면 f 가 (x_0, y_0) 에서 안장점을 갖는다.

* 안장점(鞍裝點, saddle point)이란 그 점을 통과하는 일부 경로에서는 극대이지만 일부 경로에서는 극소인 특성을 갖는 점이다.

예 14. $f(x, y) = x^2 + y^2 + xy$ 의 극대 · 극소를 탐색하라.

풀이. $f_x(x, y) = 2x + y = 0,\ f_y(x, y) = x + 2y = 0$ 이므로

$$D(x_0, y_0) = \det\begin{pmatrix} f_{xx} & f_{yx} \\ f_{xy} & f_{yy} \end{pmatrix} = \det\begin{pmatrix} 2 & 1 \\ 1 & 2 \end{pmatrix} = 4$$

그리고 $f_{xx} > 0$. 따라서 $(0,0)$ 에서 극소이다 (경우 1에 해당). ☑

예 15. $f(x, y) = x^2 - y^2$ 의 극대 · 극소를 탐색하라.

풀이. $f_x(x, y) = 2x = 0,\ f_y(x, y) = -2y = 0$ 로부터 $(x_0, y_0) = (0,0)$.

$$D(x_0, y_0) = \det\begin{pmatrix} f_{xx} & f_{yx} \\ f_{xy} & f_{yy} \end{pmatrix} = \det\begin{pmatrix} 2 & 0 \\ 0 & -2 \end{pmatrix} = -4 .$$

따라서 $(0,0)$ 에서 안장점을 갖는다 (경우 3). <그림 8>을 보면 $(0,0)$을 통과하는 x 축에서는 f 가 극대이지만 y 축에서는 f 가 극소이다. ☑

예 16. $f(x, y) = x^3 + y^3 - 3xy$ 의 극대 · 극소를 탐색하라.

풀이. $f_x(x, y) = 3x^2 - 3y = 0,\ f_y(x, y) = 3y^2 - 3x = 0$

$$\therefore\ (x_0, y_0) = (0,0) \text{ or } (1,1).$$

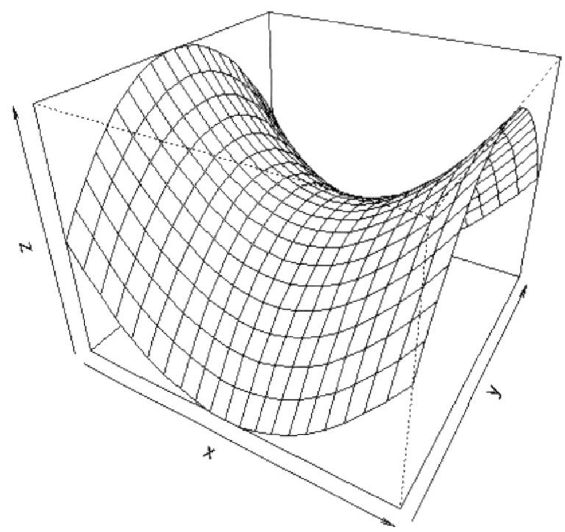

<그림 8> $f(x,y) = x^2 + y^2 + x\,y$ 의 3D 플롯 ($-1 \leqq x \leqq 1$, $-1 \leqq y \leqq 1$).

```
* f <- function(x, y) x^2 - y^2
  x <- seq(-1,1,0.1)
  y <- seq(-1,1,0.1)
  z <- outer(x, y, f)
  persp(x, y, z, theta=30, phi=30, expand=0.75)
```

<그림 9>와 <그림 10>의 R 코드:

```
f <- function(x, y) x^3  + y^3 - 3*x*y
x <- seq(-2,2,0.1)
y <- seq(-2,2,0.1)
z <- outer(x, y, f)
persp(x, y, z, theta=-45, phi=15, expand=0.75)
x11(); contour(x,y,z, levels=seq(-30,30,1))
```

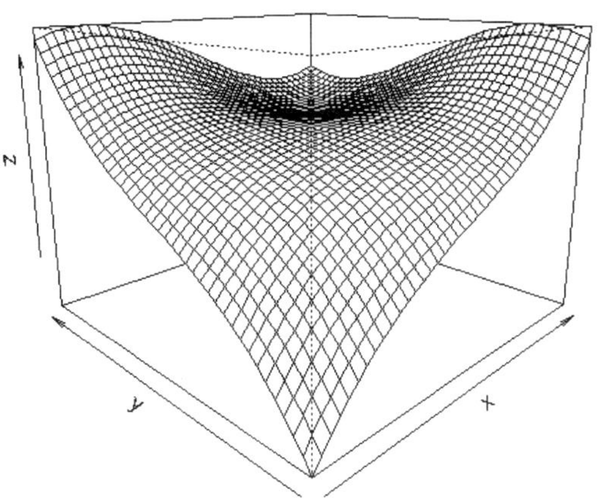

<그림 9> $f(x,y) = x^3 + y^3 - 3xy \quad (-2 \leqq x \leqq 2,\ -2 \leqq y \leqq 2)$의 3D 플롯

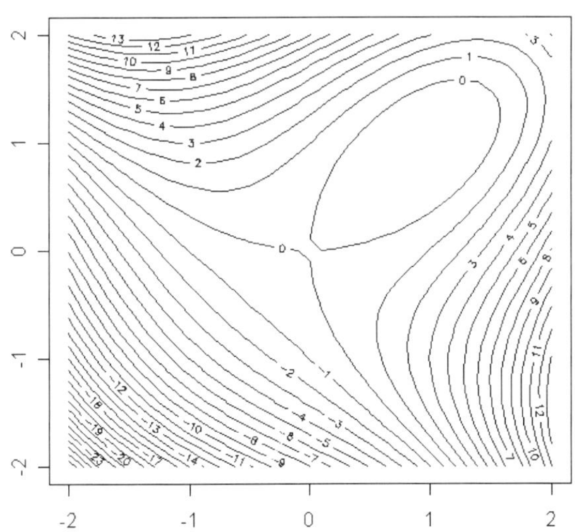

<그림 10> $f(x,y) = x^3 + y^3 - 3xy \quad (-2 \leqq x \leqq 2,\ -2 \leqq y \leqq 2)$의 등고선도

$$f_{xx}(x_0, y_0) = 6x_0, \quad D(x_0, y_0) = \det\begin{pmatrix} 6x_0 & -3 \\ -3 & 6y_0 \end{pmatrix} = 36x_0 y_0 - 9.$$

따라서 f 는 (0,0) 에서 안장점을 갖고 (경우 3에 해당) (1,1) 에서는 극소이다 (경우 1에 해당). <그림 9>의 3D 플롯과 <그림 10>의 등고선도(contour plot)를 보라 ($f(1,1) = -1$ 임을 참고). ☑

보충: 2계 도함수 테스트 (Second derivative test)

$f_x(x_0, y_0) = 0$, $f_y(x_0, y_0) = 0$ 인 (x_0, y_0) 에서 $f(x, y)$ 의 극대 · 극소 · 기타 여부를 살펴보기 위하여 (x_0, y_0) 을 통과하는 매개변수 직선

$$x = x_0 + at, \; y = y_0 + bt$$

에서 $f(x, y)$ 를 살펴보기로 하자. 연쇄법칙 1에 의하여

$$\frac{d}{dt} f(x(t), y(t)) = a\, f_x(x, y) + b\, f_y(x, y),$$

$$\frac{d^2}{dt^2} f(x(t), y(t))$$

$$= a^2 f_{xx}(x, y) + 2ab f_{xy}(x, y) + b^2 f_{yy}(x, y)$$

$$= f_{xx}(x, y)\left\{a + \frac{f_{xy}(x, y)}{f_{xx}(x, y)} b\right\}^2 + \frac{1}{f_{xx}(x, y)}\left\{f_{xx}(x, y) f_{yy}(x, y) - (f_{xy}(x, y))^2\right\} b^2$$

$$\text{if } f_{xx}(x, y) \neq 0$$

이므로, $t = 0$ 일 때 $\dfrac{df}{dt} = 0$ 이며

1) $\dfrac{d^2 f}{dt^2} > 0$ for all $(a, b) \neq (0,0)$

if $f_{xx}(x_0, y_0) > 0$, $f_{xx}(x_0, y_0) f_{yy}(x_0, y_0) - \{f_{xy}(x_0, y_0)\}^2 > 0$,

2) $\dfrac{d^2 f}{dt^2} < 0$ for all $(a, b) \neq (0,0)$

if $f_{xx}(x_0, y_0) < 0$, $f_{xx}(x_0, y_0) f_{yy}(x_0, y_0) - \{f_{xy}(x_0, y_0)\}^2 > 0$,

3) $\dfrac{d^2 f}{dt^2} > 0$ for some $(a,b) \neq (0,0)$ and $\dfrac{d^2 f}{dt^2} < 0$ for some $(a,b) \neq (0,0)$

if $f_{xx}(x_0, y_0) f_{yy}(x_0, y_0) - \{f_{xy}(x_0, y_0)\}^2 < 0$.

1)의 경우 (x_0, y_0)에서 f는 극소, 2)의 경우 (x_0, y_0)에서 f는 극대, 3)의 경우 (x_0, y_0)에서 f는 안장점을 갖는다. ☑

기울기 벡터와 라그랑지 승수 방법

정의: $f(x,y)$의 기울기(gradient) 벡터 $\nabla f = \left(\dfrac{\partial f}{\partial x}, \dfrac{\partial f}{\partial y}\right)$.

정의: 방향 도함수(directional derivative)

$$D_{\boldsymbol{u}}(x,y) = \lim_{h \to 0} \frac{f(x+hu_1, y+hu_2) - f(x,y)}{h}$$

여기서 $\boldsymbol{u} = (u_1, u_2)$는 단위벡터 (즉 $\boldsymbol{u}^t \boldsymbol{u} = 1$).

방향 도함수 $D_{\boldsymbol{u}}(x,y)$는 $\dfrac{d}{dh} f(x+hu_1, y+hu_2)$이므로 연쇄법칙 1에 의하여

$$D_{\boldsymbol{u}}(x,y) = \frac{\partial f}{\partial x} u_1 + \frac{\partial f}{\partial y} u_2 = \nabla f \cdot \boldsymbol{u}.$$

따라서 $D_{\boldsymbol{u}}(x,y)$는 $\boldsymbol{u} \propto \nabla f$일 때 최대가 된다. 이것은 $f(x,y)$의 등고선도가 (x_0, y_0)에서 기울기 벡터인 ∇f의 방향에 따라 최대로 증가함을 말해준다.

(x_0, y_0) 근방에서 $f(x,y)$의 등고선도를 살펴보도록 하자. $f(x_0, y_0) = k$라고 할 때 (x_0, y_0)와 같은 높이를 갖는 (x,y)는 음함수 관계

$$C: f(x,y) = k$$

에 있다. 양변을 x로 미분하면 $\dfrac{\partial f}{\partial x} + \dfrac{\partial f}{\partial y}\dfrac{dy}{dx} = 0$이므로

$$\nabla f \perp \left(1, \frac{dy}{dx}\right)$$

가 된다. 이것은 등고선 C의 접선 기울기 방향인 $\boldsymbol{r} = \left(1, \frac{dy}{dx}\right)$와 $f(x,y)$의 기울기 벡터 ∇f가 직교함을 뜻한다.

예 17. $(0.2, 0.586)$에서 $f(x,y) = x^2 + y^2 + xy$의 기울기 벡터와 등고선에 대한 접선의 기울기 방향을 구해보자 ($f(0.2, 0.586) = 0.5$).

$$\nabla f = (2x + y,\ x + 2y) = (0.986, 1.372).$$

$x^2 + y^2 + xy = 0.5$의 양변을 미분하면 $2x + 2y\frac{dy}{dx} + y + x\frac{dy}{dx} = 0.5$. 따라서 $\frac{dy}{dx} = -\frac{2x+y}{x+2y} = -0.719$. 그리고 접선의 기울기 방향은

$$\boldsymbol{r} = \left(1, \frac{dy}{dx}\right) = (1, -0.719).$$

$$\therefore\ \nabla f \cdot \boldsymbol{r} = (0.986, 1.372) \cdot (1, -0.719) = 0.$$

<그림 11>을 보라. $f(x,y)$의 등고선도가 ∇f의 방향에 따라 최대 증가하고 등고선의 접선 기울기 방향 $\boldsymbol{r}$과 ∇f가 직교함을 보여준다. ☑

제약 $g(x,y) = k$하에서 $f(x,y)$를 최대화(최소화)하는 문제를 생각해보자. 예를 들어 보자.

$$\min\ x^2 + y^2 + xy\ (= f(x,y))$$

$$\text{subject to } 0.719x + y = 0.73\ \ (\text{or } g(x,y) - 0.73 = k).$$

<그림 12>에서 보듯이 최적점에서는 f의 기울기 벡터 ∇f와 g의 기울기 벡터 ∇g는 같은 방향이여야 한다. 즉

$$\nabla f = \lambda \nabla g \quad (\lambda\text{는 비례상수}).$$

따라서 함수 h를

$$h(x,y) = f(x,y) - \lambda g(x,y)$$

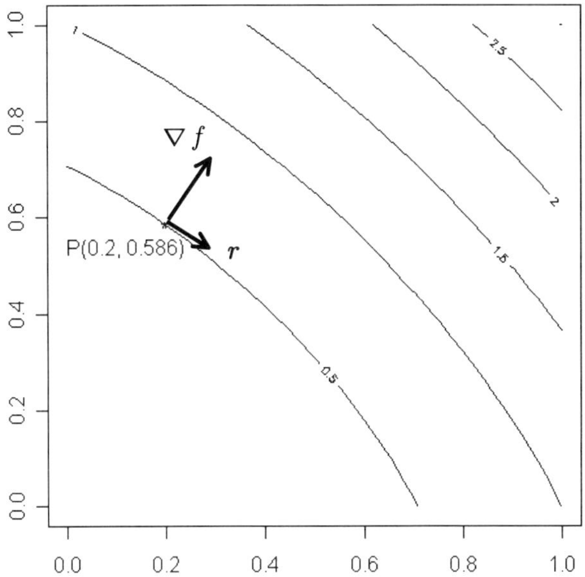

<그림 11> P: (0.2, 0.586)에서 $f(x,y) = x^2+y^2+xy$의 ∇f 과 $\boldsymbol{r}$

로 정의하고 이 함수의 기울기 벡터를 $(0,0)$으로 놓음으로써 제시된 최적화 문제를 풀 수 있다. 이런 방법을 라그랑지 승수(Lagrange multiplier) 방법이라고 한다.

예 18. minimize x^2+2y^2 subject to $x+y=1$.

풀이. 함수 h를 $h(x,y) = x^2+2y^2-\lambda(x+y-1)$로 정의하자. 그러면

$$\frac{\partial h}{\partial x} = 2x-\lambda = 0, \quad \frac{\partial h}{\partial y} = 4y-\lambda = 0 \quad \Rightarrow \quad 2x = 4y.$$

제약식 $x+y=1$에 $x = 2y$를 넣으면 $x = \frac{2}{3}$, $y = \frac{1}{3}$. ☑

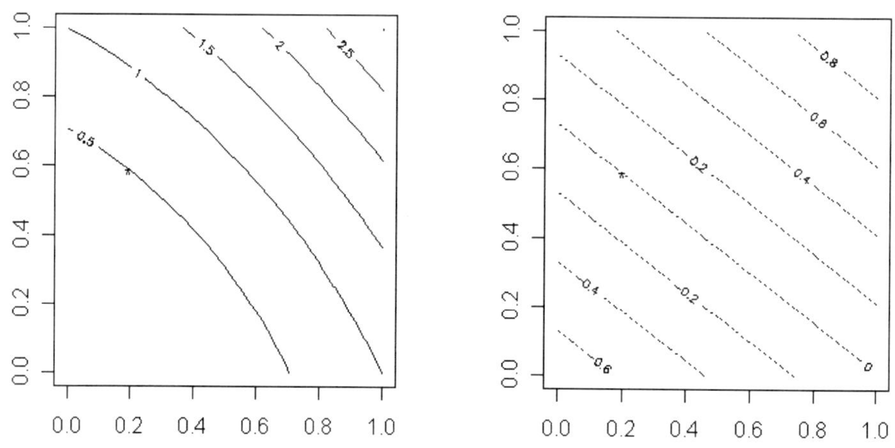

<그림 12> $f(x,y) = x^2 + y^2 + xy$와 $g(x,y) = 0.719\,x + y$의 등고선도

```
* par(mfrow=c(1,2))
  x <- seq(0,1,0.05); y <- seq(0,1,0.05)
  f <- function(x, y) x^2 + y^2 + x*y
  z <- outer(x, y, f)
  contour(x, y, z)
  text(0.2,0.586,"* ")
  g <- function(x, y) 0.719*x+y-0.73
  x <- seq(0,1,0.05); y <- seq(0,1,0.05)
  z <- outer(x, y, g)
  contour(x, y, z, lty=3)
  text(0.2,0.586,"* ")
```

4절.* 다변수 함수의 편도함수와 극대 · 극소

다변수 함수 $f(x_1, \cdots, x_p)$에 대한 편도함수도 이변수 함수에서와 같이 정의된다. 즉 $j = 1, \cdots, p$에 대하여

$$f_{x_j}(x_1,\cdots,x_p) = \lim_{h_j \to 0} \frac{1}{h_j}\{f(x_1,\cdots,x_j+h_j,\cdots,x_p) - f(x_1,\cdots,x_j,\cdots,x_p)\}.$$

$f_{x_j}(x_1,\cdots,x_p)$는 $D_j f$ 또는 $\dfrac{\partial f}{\partial x_j}$로 표기된다 $(j = 1,\cdots,p)$.

제 1 연쇄법칙. $z = f(x_1,\cdots,x_p)$, $x_1 = x_1(t), \cdots, x_p = x_p(t)$이고 모두 미분가능하면 $z = f(x_1(t),\cdots,x_p(t))$는 t로 미분가능하고

$$\frac{dz}{dt} = \frac{\partial z}{\partial x_1}\frac{dx_1}{dt} + \cdots + \frac{\partial z}{\partial x_p}\frac{dx_p}{dt}.$$

제 2 연쇄법칙. $z = f(x_1,\cdots,x_p)$, $x_1 = x_1(u_1,\cdots,u_p), \cdots, x_p = x_p(u_1,\cdots,u_p)$이고 편미분가능하면 $z = f(x_1(u_1,\cdots,u_p),\cdots,x_p(u_1,\cdots,u_p))$는 $u_1,\cdots,u_p$로 편미분가능하고

$$\frac{\partial z}{\partial u_k} = \frac{\partial z}{\partial x_1}\frac{\partial x_1}{\partial u_k} + \cdots + \frac{\partial z}{\partial x_p}\frac{\partial x_p}{\partial u_k}, \quad k = 1,\cdots,p.$$

미분가능함수 $f(x_1,\cdots,x_p)$의 극대·극소의 판정 방법: 2계 도함수 테스트

$f(x_1,\cdots,x_p)$가 $(x_{10},\cdots,x_{p0})$에서 $f_{x_1}(x_1,\cdots,x_p) = 0, \cdots, f_{x_p}(x_1,\cdots,x_p) = 0$이고 연속인 2계 편도함수를 갖는다고 하자. 이 때 $p \times p$ 대칭행렬 H가

$$H(x_{10},\cdots,x_{p0}) = \begin{pmatrix} \dfrac{\partial^2 f}{\partial x_1^2} & \dfrac{\partial^2 f}{\partial x_1 \partial x_2} & \cdots & \dfrac{\partial^2 f}{\partial x_1 \partial x_p} \\ \dfrac{\partial^2 f}{\partial x_2 \partial x_1} & \dfrac{\partial^2 f}{\partial^2 x_2} & \cdots & \dfrac{\partial^2 f}{\partial x_2 \partial x_p} \\ \vdots & \vdots & & \vdots \\ \dfrac{\partial^2 f}{\partial x_p \partial x_1} & \dfrac{\partial^2 f}{\partial x_p \partial x_2} & \cdots & \dfrac{\partial^2 f}{\partial x_p^2} \end{pmatrix}$$

라고 할 때,

1) 행렬 H가 양의 정부호(positive definite)이면 f가 $(x_{10},\cdots,x_{p0})$에서 극소이다.
2) 행렬 H가 음의 정부호(negative definite)이면 f가 $(x_{10},\cdots,x_{p0})$에서 극대이다.
3) 행렬 H가 양의 정부호(positive definite)이지 않고 음의 정부호(negative definite)이지도 않으면 f가 $(x_{10},\cdots,x_{p0})$에서 안장점을 갖는다.

* 양의 정부호 행렬 $H \Leftrightarrow \mathbf{s}^t H \mathbf{s} > 0$ for any $p \times 1$ vector $\mathbf{s} \neq \mathbf{0}$.
 음의 정부호 행렬 $H \Leftrightarrow \mathbf{s}^t H \mathbf{s} < 0$ for any $p \times 1$ vector $\mathbf{s} \neq \mathbf{0}$.

라그랑지 승수 방법: 제약 $g(x_1,\cdots,x_p)=k$하에서 $f(x_1,\cdots,x_p)$를 최대화(최소화)하는 문제는

$$h(x_1,\cdots,x_p) = f(x_1,\cdots,x_p) - \lambda g(x_1,\cdots,x_p), \quad \lambda\text{는 상수}$$

로 정의하고 이 함수의 기울기(gradient) 벡터를 $(0,\cdots,0)$으로 놓아서 푼다. 즉,

$$\frac{\partial h}{\partial x_1} = \frac{\partial f}{\partial x_1} - \lambda \frac{\partial g}{\partial x_1} = 0,$$

$$\vdots$$

$$\frac{\partial h}{\partial x_p} = \frac{\partial f}{\partial x_p} - \lambda \frac{\partial g}{\partial x_p} = 0.$$

5장. 중적분

3장에서 다룬 적분은 일변수 함수에 대한 것이고 이 장에서 주로 다룰 중적분은 이변수 함수에 대한 것이다. 통계학에서 중적분은 다변량 분포에서 확률을 구하기 위해 사용한다.

1절. 이중적분

$\mathbb{R}^2$상의 연속함수 $f(x,y)$와 xy평면, 그리고 $a \leqq x \leqq b, c \leqq y \leqq d$로 둘러싸인 도형의 체적 V를

$$V = \int\!\!\int_R f(x,y)\,dx\,dy \quad (R = \{(x,y) \mid a \leqq x \leqq b,\ c \leqq y \leqq d\})$$

를 이중적분(二重積分, double integral)이라 한다. V를 구하는 방법은 R을 $n_1 \times n_2$개의 작은 네모로 자른 다음 그 위에 선 좁고 긴 기둥들을 합하는 것이다. <그림 1>과 <그림 2>를 보라. 구체적으로,

1) x 구간 $[a,b]$를 n_1 등분하고 y 구간 $[c,d]$를 n_2 등분한다. 그러면 x의 i번째 구간은 $[x_{i-1}, x_i]$로, y의 j번째 구간은 $[y_{j-1}, y_j]$로 표현된다. 여기서

   $x_i = a + i\,\Delta x,\ i = 1,\cdots,n_1,\quad \Delta x = (b-a)/n_1;$

   $y_j = c + j\,\Delta y,\ j = 1,\cdots,n_2,\quad \Delta y = (d-c)/n_2.$

2) (i,j)번째 네모 영역 $R_{ij} = \{(x,y) \mid x_{i-1} \leqq x \leqq x_i,\ y_{j-1} \leqq y \leqq y_j\}$에서 $f(x,y)$의 최소값 m_{ij}와 최대값 M_{ij}를 구한다.

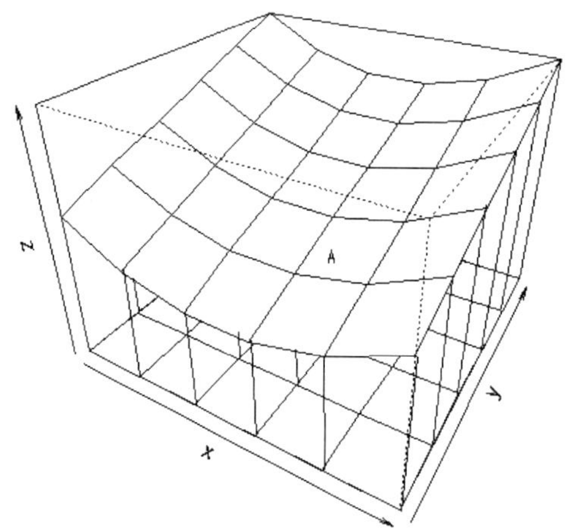

<그림 1> 체적 구하기: $z = f(x, y),\quad a \leqq x \leqq b, c \leqq y \leqq d$

R 코드:

```
g <- function(x, y) (3+x^2+y)*0
x <- seq(-1,1,0.4)
y <- seq(-1,1,0.4)
z <- outer(x, y, g)
persp(x, y, z, zlim=c(0,5), theta=30, phi=30, expand=0.75)
par(new=T)
f <- function(x, y) 3+x^2+y
x <- seq(-1,1,0.4)
y <- seq(-1,1,0.4)
z <- outer(x, y, f)
persp(x, y, z, zlim=c(0,5), theta=30, phi=30, expand=0.75)
```

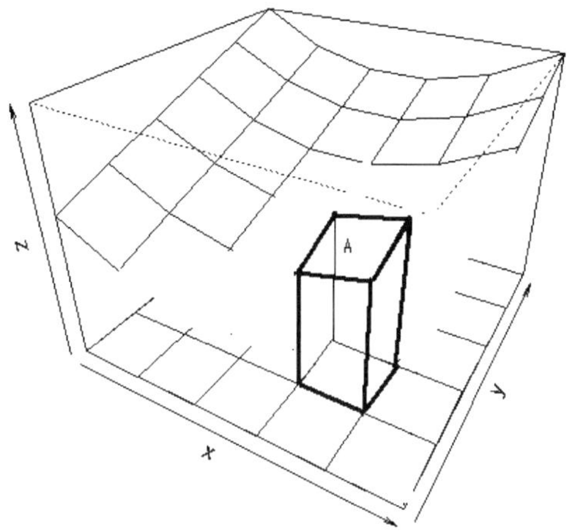

<그림 2> 기둥 1개의 체적: $z = f(x,y)$, $x_{i-1} \leq x \leq x_i$, $y_{j-1} \leq y \leq y_j$

3) $$V = \int_R \int f(x,y)\,dx\,dy = \sum_{i=1}^{n_1}\sum_{j=1}^{n_2} \int_{R_{ij}} \int f(x,y)\,dx\,dy$$

이므로

$$L_{n_1,n_2} \leq V \leq U_{n_1,n_2}$$

이 된다. 여기서

$$L_{n_1,n_2} = \sum_{i=1}^{n_1}\sum_{j=1}^{n_2} m_{ij}\Delta x\,\Delta y, \qquad U_{n_1,n_2} = \sum_{i=1}^{n_1}\sum_{j=1}^{n_2} M_{ij}\Delta x\,\Delta y.$$

4) $\lim_{n_1\to\infty,\, n_2\to\infty} L_{n_1,n_2} = \lim_{n_1\to\infty,\, n_2\to\infty} U_{n_1,n_2} = k$ 이면 $V = k$ 라고 할 수 있다.

예 1. $f(x,y) = 3 + x^2 + y$ 를 $R = \{(x,y) \mid 0 \leq x,\, y \leq 1\}$ 에서 적분하면?

풀이. $f(x,y)$ 가 R 에서 각 변수의 증가함수이므로

$$x_{i-1} \leqq x \leqq x_i,\ y_{j-1} \leqq y \leqq y_j$$

에서 최소값 m_{ij} 와 최대값 M_{ij} 는 각각

$$m_{ij} = 3 + x_{i-1}^2 + y_{j-1}\ , \quad M_{ij} = 3 + x_i^2 + y_j$$

이다. 여기서 $x_i = i/n_1\ (i = 1,\cdots,n_1)$, $y_j = j/n_2\ (j = 1,\cdots,n_2)$. 따라서

$$L_{n_1, n_2} = \frac{1}{n_1 n_2} \sum_{i=1}^{n_1} \sum_{j=1}^{n_2} m_{ij} = \frac{1}{n_1 n_2} \sum_{i=1}^{n_1} \sum_{j=1}^{n_2} \{3 + (i-1)^2/n_1^2 + (j-1)/n_2\}$$

$$= 3 + \frac{1}{n_1^3} \cdot \frac{1}{6} n_1 (n_1 - 1)(2n_1 - 1) + \frac{1}{n_2^2} \cdot \frac{1}{2} n_2 (n_2 - 1)\ .$$

$$U_{n_1, n_2} = \frac{1}{n_1 n_2} \sum_{i=1}^{n_1} \sum_{j=1}^{n_2} M_{ij} = \frac{1}{n_1 n_2} \sum_{i=1}^{n_1} \sum_{j=1}^{n_2} \{3 + i^2/n_1^2 + j/n_2\}$$

$$= 3 + \frac{1}{n_1^3} \cdot \frac{1}{6} n_1 (n_1 + 1)(2n_1 + 1) + \frac{1}{n_2^2} \cdot \frac{1}{2} n_2 (n_2 + 1)\ .$$

$$\therefore \quad \lim_{n_1 \to \infty,\, n_2 \to \infty} L_{n_1, n_2} = \lim_{n_1 \to \infty,\, n_2 \to \infty} U_{n_1, n_2} = 3 + \frac{1}{3} + \frac{1}{2} = 3\frac{5}{6}\ .$$

$$\therefore \quad V = \int_R \int f(x, y)\, dx\, dy = 3\frac{5}{6}.$$

☑

다음 정리는 이중적분을 간단히 계산할 수 있게 한다.

Fubini의 정리 (반복적분, iterated integration): $f(x, y)$ 가 R 에서 연속이면

$$\int_R \int f(x, y)\, dx\, dy = \int_a^b \left\{ \int_c^d f(x, y)\, dy \right\} dx = \int_c^d \left\{ \int_a^b f(x, y)\, dx \right\} dy\ .$$

<그림 1>의 그래프를 <그림 3>과 <그림 4>와 대조하여 보면 Fubini의 정리를 이해할 수 있을 것이다. <그림 3>은 도형을 x 축을 따라 얇게 켜 만든 slice들을 보여준다. 체적 V를 구하기 위하여는 조각 slice들의 체적을 모으면 될 것이다. 이 때 i 번째 slice의 체적은

$$\left\{\int_c^d f(x_i^*, y)\, dy\right\} \Delta x \qquad (\text{여기서 } \Delta x = \frac{b-a}{n_1},\; x_{i-1} \leqq x^* \leqq x_i)$$

이므로

$$V = \lim_{\Delta x \to 0} \sum_{i=1}^{n_1} \left\{\int_c^d f(x_i^*, y)\, dy\right\} \Delta x = \int_a^b \left\{\int_c^d f(x, y)\, dy\right\} dx$$

가 되기 때문이다. 마찬가지로, <그림 4>와 같이 도형을 y 축에 따라 얇게 켜서 slice들을 만든 다음 모아도 된다.

예 2. $f(x, y) = 3 + x^2 + y$를 $R = \{(x, y) \mid 0 \leqq x, y \leqq 1\}$에서 적분하면?

풀이. $$V = \int\int_R f(x, y)\, dx\, dy = \int_0^1 \left\{\int_0^1 (3 + x^2 + y)\, dy\right\} dx$$

$$= \int_0^1 \left[3y + x^2 y + \frac{y^2}{2}\right]_0^1 dx = \int_0^1 \left(3 + x^2 + \frac{1}{2}\right) dx = 3 + \frac{1}{3} + \frac{1}{2} = 3\frac{5}{6}.$$

또는

$$V = \int_0^1 \left\{\int_0^1 (3 + x^2 + y)\, dx\right\} dy = \int_0^1 \left[3x + \frac{1}{3}x^3 + xy\right]_0^1 dy$$

$$= \int_0^1 \left(3 + \frac{1}{3} + y\right) dy = 3 + \frac{1}{3} + \frac{1}{2} = 3\frac{5}{6}.$$

☑

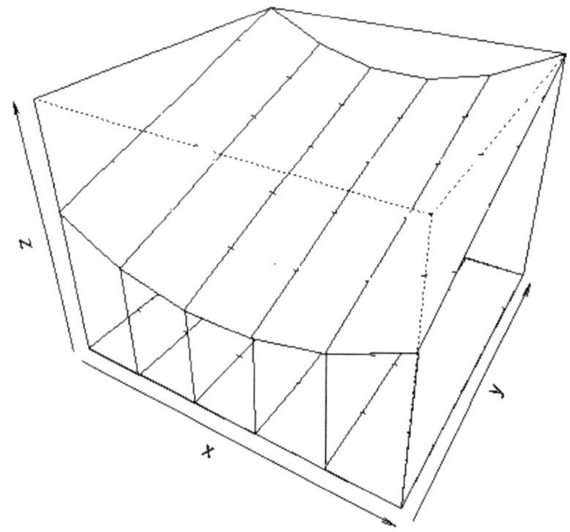

<그림 3> 반복적분 $V = \int_a^b \left\{ \int_c^d f(x, y)\, dy \right\} dx$

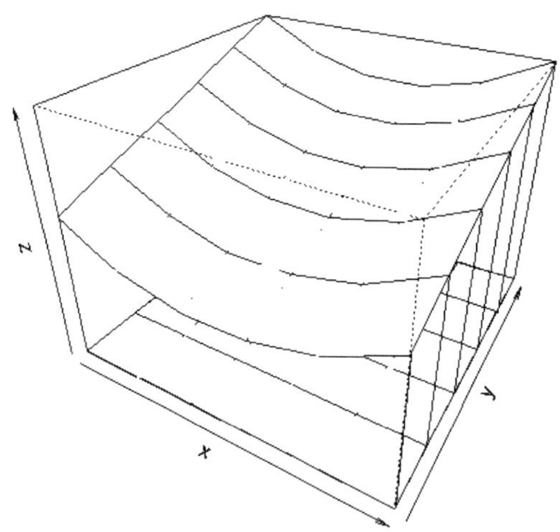

<그림 4> 반복적분 $V = \int_c^d \left\{ \int_a^b f(x, y)\, dx \right\} dy$

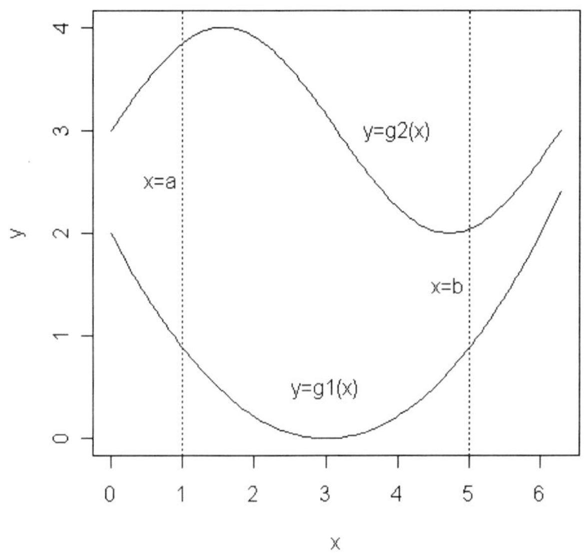

<그림 5> $g_1(x) \leqq y \leqq g_2(x),\ a \leqq x \leqq b$

```
* g2 <- function(x) 3+sin(x)
  g1 <- function(x) (2/9)*(x-3)^2
  plot(g2, 0, 2*pi, ylim=c(0,4), ylab="y")
  par(new=T)
  plot(g1, 0, 2*pi, ylim=c(0,4), ylab=" ")
  abline(v=1, lty=3);  abline(v=5, lty=3)
  text(4,3,"y=g2(x)"); text(3,0.5,"y=g1(x)")
  text(0.7,2.5,"x=a"); text(4.7,1.5,"x=b")
```

이제까지의 이중적분에서 적분 영역 R은 직사각형이었지만 이것을 확장할 필요가 있다. 예컨대 <그림 5>와 같이

$$R = \{(x,y) \mid g_1(x) \leqq y \leqq g_2(x),\ a \leqq x \leqq b\}$$

인 경우, 또는 <그림 6>과 같이

$$R = \{(x,y) \mid h_1(y) \leqq x \leqq h_2(y),\ c \leqq y \leqq d\}$$

인 경우에도 Fubini의 정리를 적용하여 적분 계산을 쉽게 할 수 있다.

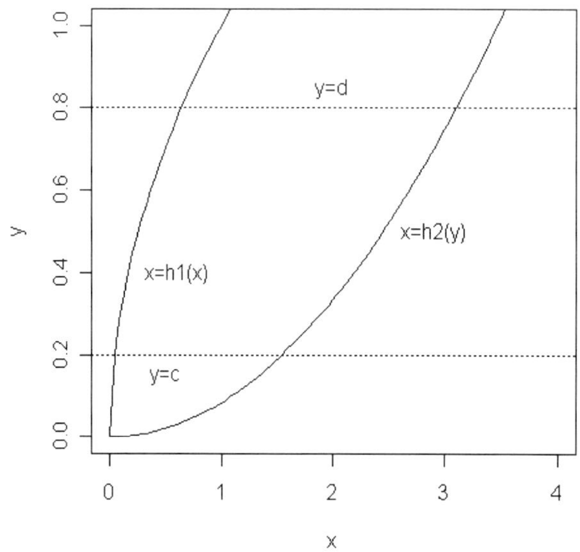

<그림 6> $h_1(y) \leqq x \leqq h_2(y),\ c \leqq y \leqq d$

```
* h2 <- function(x) sqrt(x)
  h1 <- function(x) (1/12)*x^2
  plot(h2, 0, 4, ylim=c(0,1), ylab="y")
  par(new=T)
  plot(h1, 0, 4, ylim=c(0,1), ylab=" ")
  abline(h=0.2, lty=3);     abline(h=0.8, lty=3)
  text(0.6,0.4,"x=h1(x)"); text(2.9,0.5,"x=h2(y)")
  text(0.5,0.15,"y=c");     text(2,0.85,"y=d")
```

즉, <그림 5>의 경우는

$$V = \int_R \int f(x,y)\,dx\,dy \ = \int_a^b \left\{ \int_{g_1(x)}^{g_2(x)} f(x,y)\,dy \right\} dx$$

로 하고 <그림 6>의 경우는

$$V = \int_R \int f(x,y)\,dx\,dy \ = \int_c^d \left\{ \int_{h_1(y)}^{h_2(y)} f(x,y)\,dx \right\} dy$$

로 한다.

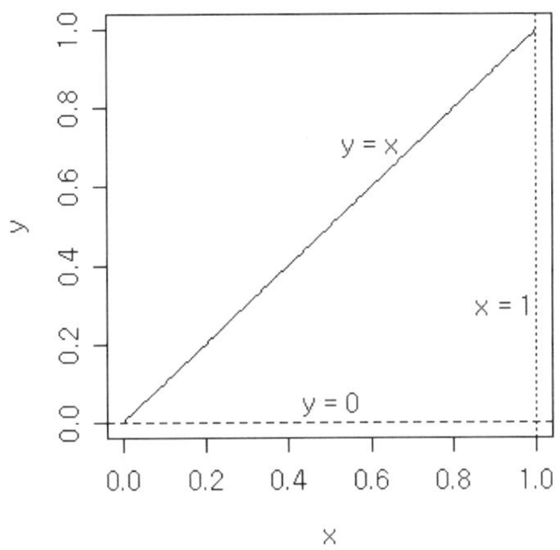

<그림 7> 적분영역 $R = \{(x, y) \mid 0 \leq y \leq x \leq 1\}$

```
* g2 <- function(x) x
  plot(g2, 0, 1, ylim=c(0,1), ylab="y")
  abline(v=1, lty=3); abline(h=0, lty=2)
  text(0.5,0.05,"y = 0");text(0.6,0.7,"y = x");text(0.925,0.3,"x = 1")
```

예 3. $f(x,y) = x^2 + y$를 $R = \{(x, y) \mid 0 \leq y \leq x \leq 1\}$에서 적분하면?

풀이. <그림 7>은 적분영역을 도시한 것이다. 두 방식으로 접근할 수 있다.

1) y에 대해 먼저 적분하고 x에 대해 나중에 적분하는 방식:

$$V = \int_0^1 \left\{ \int_0^x f(x,y)\,dy \right\} dx = \int_0^1 \left[x^2 y + y^2/2 \right]_0^x dx$$

$$= \int_0^1 (x^3 + x^2/2)\,dx = \frac{1}{4} + \frac{1}{6} = \frac{5}{12}.$$

2) x에 대해 먼저 적분하고 y에 대해 나중에 적분하는 방식:

$$V = \int_0^1 \left\{ \int_y^1 f(x,y)\,dx \right\} dy = \int_0^1 \left[x^3/3 + x\,y \right]_y^1 dy$$

$$= \int_0^1 \left(\frac{1}{3} + y - \frac{y^3}{3} - y^2 \right) dy = \frac{1}{3} + \frac{1}{2} - \frac{1}{12} - \frac{1}{3} = \frac{5}{12}.$$

예 4. $f(x,y)=x^2+y$를 $R=\{(x,y)\mid -x \leq y \leq x,\ 0 \leq x \leq 1\}$에서 적분하면?

풀이. <그림 8>은 적분영역을 도시한 것이다.

1) $$V = \int_0^1 \left\{ \int_{-x}^{x} f(x,y)\,dy \right\} dx = \int_0^1 \left[x^2 y + y^2/2 \right]_{-x}^{x} dx$$
$$= \int_0^1 2x^3\,dx = \frac{1}{2}.$$

2) $$V = \int_0^1 \left\{ \int_y^1 f(x,y)\,dx \right\} dy + \int_{-1}^{0} \left\{ \int_{-y}^{1} f(x,y)\,dx \right\} dy$$
$$= \int_0^1 \left[x^3/3 + xy \right]_y^1 dy + \int_{-1}^{0} \left[x^3/3 + xy \right]_{-y}^{1} dy$$
$$= \int_0^1 \left(\frac{1}{3} + y - \frac{y^3}{3} - y^2 \right) dy + \int_{-1}^{0} \left(\frac{1}{3} + y + \frac{y^3}{3} - y^2 \right) dy = \frac{1}{2}.$$

이 경우도 두 방식으로 접근할 수 있으나 실제 해보면 첫 번째 방식이 간단하다. 적분순서를 잘못 정하면 불필요한 고생을 할 수 있다.

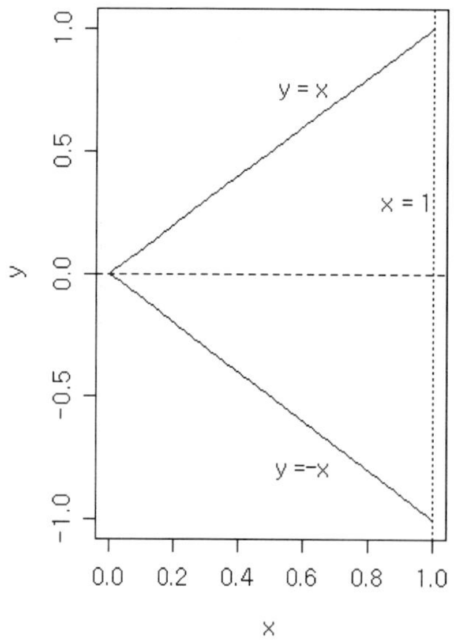

R 코드:

```
g2 <- function(x) x
g1 <- function(x) -x
plot(g2, 0, 1,
ylim=c(-1,1), ylab="y")
par(new=T)
plot(g1, 0, 1,
ylim=c(-1,1), ylab="")
abline(v=1, lty=3)
abline(h=0, lty=2)
text(0.6, 0.75, "y = x")
text(0.6, -0.8, "y =-x")
text(0.92, 0.3, "x = 1")
```

<그림 8> 적분영역 $R=\{(x,y)\mid -x \leq y \leq x,\ 0 \leq x \leq 1\}$

2절. 이중적분에서의 변수변환

변수 변환(change of variables)을 통하여 이중적분 $V = \int_R\int f(x,y)\,dx\,dy$ 를 계산하는 방법을 설명하기로 한다. 1:1 변환

$$T:\quad x = x(u,v),\ y = y(u,v)$$

에 의하여 xy-공간의 영역 R과 uv-공간의 영역 S가 대응한다고 하자. 이때 uv-공간의 작은 직사각형

$$(u,v),\qquad (u+du,v),$$
$$(u,v+dv),\ (u+du,v+dv)$$

의 면적은 $du\,dv$이다 (편의상 du와 dv를 양의 작은 값으로 간주하겠다). 그런데 앞의 4개 꼭지점이 변환 T를 통하여 xy 공간에

$$(x(u,v),y(u,v)),\qquad (x(u+du,v),y(u+du,v)),$$
$$(x(u,v+dv),y(u,v+dv)),\ (x(u+du,v+dv),y(u+du,v+dv))$$

에 대응된다. 이들은 연쇄법칙에 의하여

$$(x(u,v),y(u,v)),\qquad (x(u,v)+\frac{\partial x}{\partial u}du, y(u,v)+\frac{\partial y}{\partial u}du),$$
$$(x(u,v)+\frac{\partial x}{\partial v}dv, y(u,v)+\frac{\partial y}{\partial v}dv),\ (x(u,v)+\frac{\partial x}{\partial u}du+\frac{\partial x}{\partial v}dv, y(u,v)+\frac{\partial y}{\partial u}du+\frac{\partial y}{\partial v}dv)$$

로 표현된다. 이상의 네 점으로 둘러싸인 평행사변형은

$$(0,0),\qquad (\frac{\partial x}{\partial u}du, \frac{\partial y}{\partial u}du),$$
$$(\frac{\partial x}{\partial v}dv, \frac{\partial y}{\partial v}dv),\qquad (\frac{\partial x}{\partial u}du+\frac{\partial x}{\partial v}dv, \frac{\partial y}{\partial u}du+\frac{\partial y}{\partial v}dv)$$

와 같은 면적

$$\left|\det\begin{pmatrix}\frac{\partial x}{\partial u}du & \frac{\partial x}{\partial v}dv\\ \frac{\partial y}{\partial u}du & \frac{\partial y}{\partial v}dv\end{pmatrix}\right| = \left|\det\begin{pmatrix}\frac{\partial x}{\partial u} & \frac{\partial x}{\partial v}\\ \frac{\partial y}{\partial u} & \frac{\partial y}{\partial v}\end{pmatrix}\right| du\,dv$$

를 가지므로, xy-공간의 요소면적 $dx\,dy$와 uv-공간의 요소면적 $du\,dv$사이

에는 다음 관계가 성립한다 (편의상 dx와 dy를 양의 작은 값으로 간주한다).

$$dx\,dy = \left|\frac{\partial(x,y)}{\partial(u,v)}\right| du\,dv\,,$$

여기서

$$\frac{\partial(x,y)}{\partial(u,v)} = \det\begin{pmatrix}\frac{\partial x}{\partial u} & \frac{\partial x}{\partial v}\\ \frac{\partial y}{\partial u} & \frac{\partial y}{\partial v}\end{pmatrix} = \frac{\partial x}{\partial u}\frac{\partial y}{\partial v} - \frac{\partial x}{\partial v}\frac{\partial y}{\partial u}\,.$$

이것을 야코비안(Jacobian)이라고 한다. 따라서 다음 정리가 유도된다.

정리 1. 1:1 변환 T: $x = x(u,v)$, $y = y(u,v)$가 연속인 1계 편도함수를 갖고 xy-공간의 영역 R와 uv-공간의 영역 S가 대응한다면

$$\int_R\int f(x,y)\,dx\,dy = \int_S\int f(x(u,v),y(u,v))\left|\frac{\partial(x,y)}{\partial(u,v)}\right| du\,dv\,.$$

예 5. $(1,0),(2,0),(0,-1),(0,-2)$를 꼭지점으로 하는 xy공간의 사다리꼴 도형을 R이라고 하자. 다음 이중적분을 계산하라.

$$V = \int_R\int e^{\frac{x+y}{x-y}}\,dx\,dy\,.$$

풀이. 변환 T를 $u = x+y$, $v = x-y$로 정의하자. 즉,

$$x = \frac{1}{2}u + \frac{1}{2}v\,,\; y = \frac{1}{2}u - \frac{1}{2}v.$$

그리고 R은 T에 의하여

$$S:\ 1 \leqq v \leqq 2,\ u+v \geqq 0,\ u-v \leqq 0$$

에 대응한다. <그림 9>를 보라. $y-x=-1$은 $v=1$과, $y-x=-2$은 $v=2$와 대응하고, $y=0$과 $x=0$은 각각 $u-v=0$과 $u+v=0$과 대응하기 때문이다. 그런데 Jacobian이

$$\frac{\partial(x,y)}{\partial(u,v)} = \det\begin{pmatrix}\frac{1}{2} & \frac{1}{2}\\ \frac{1}{2} & -\frac{1}{2}\end{pmatrix} = -\frac{1}{2}\,.$$

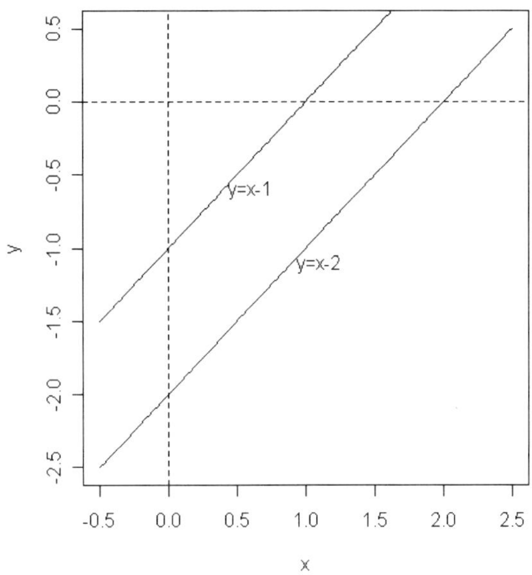

<그림 9> 적분영역 $R: \ -2 \leqq y-x \leqq -1, \ x \geqq 0, \ y \leqq 0.$

```
* f1 <- function(x) x-1
  f2 <- function(x) x-2
  plot(f1, -0.5, 2.5, ylim=c(-2.5,0.5), ylab="y")
  par(new=T)
  plot(f2, -0.5, 2.5, ylim=c(-2.5,0.5), ylab="")
  abline(v=0, lty=2);       abline(h=0, lty=2)
  text(0.6,-0.6, "y=x-1"); text(1.1,-1.1, "y=x-2")
```

$$\therefore \quad V = \int_R\int e^{\frac{x+y}{x-y}}\,dx\,dy \quad = \int_S\int e^{\frac{u}{v}}\,\frac{1}{2}du\,dv$$

$$= \int_1^2 \left\{ \int_{-v}^{v} e^{\frac{u}{v}}\,\frac{1}{2}du \right\} dv$$

$$= \frac{1}{2}\int_1^2 \left[v\,e^{\frac{u}{v}} \right]_{-v}^{v} dv$$

$$= \frac{1}{2}(e - e^{-1})\int_1^2 v\,dv = \frac{3}{4}(e - e^{-1}).$$

☑

3절. 극좌표 변환

직교좌표를 극좌표로 바꿔 이중적분 $V = \int_R\int f(x,y)\,dx\,dy$을 계산하는 방법을 설명하기로 한다. 즉

$$x = r\cos\theta,\ y = r\sin\theta \quad (r > 0,\ 0 \leqq \theta < 2\pi)$$

로 변환하는 경우인데, Jacobian이

$$\frac{\partial(x,y)}{\partial(r,\theta)} = \det\begin{pmatrix} \frac{\partial x}{\partial r} & \frac{\partial x}{\partial \theta} \\ \frac{\partial y}{\partial r} & \frac{\partial y}{\partial \theta} \end{pmatrix} = \det\begin{pmatrix} \cos\theta & -r\sin\theta \\ \sin\theta & r\cos\theta \end{pmatrix} = r$$

이므로

$$V = \int_R\int f(x,y)\,dx\,dy = \int_R\int f(r\cos\theta, r\sin\theta)\,r\,dr\,d\theta$$

가 된다.

예 6. $R:\ x^2 + y^2 \leqq a^2$라고 할 때 $V = \int_R\int \sqrt{a^2 - x^2 - y^2}\,dx\,dy$를 구하라.

풀이. 이 문제는 반경이 $a\,(>0)$인 반구(半球, half-sphere)의 부피를 구하는 것과 마찬가지이다. <그림 10>을 보라. $x^2 + y^2 \leqq a^2 \Leftrightarrow r \leqq a$이므로

$$\begin{aligned} V &= \int_R\int \sqrt{a^2 - r^2}\,r\,dr\,d\theta \\ &= \int_0^{2\pi}\left\{\int_0^a \sqrt{a^2 - r^2}\,r\,dr\right\}d\theta \\ &= \int_0^{2\pi}\left[-\frac{1}{3}(a^2 - r^2)^{\frac{3}{2}}\right]_0^a d\theta = \frac{2\pi}{3}a^3. \end{aligned}$$ ☑

따라서 반경이 $a\,(>0)$인 구(半球, sphere)의 부피는 $\frac{4\pi}{3}a^3$이다.

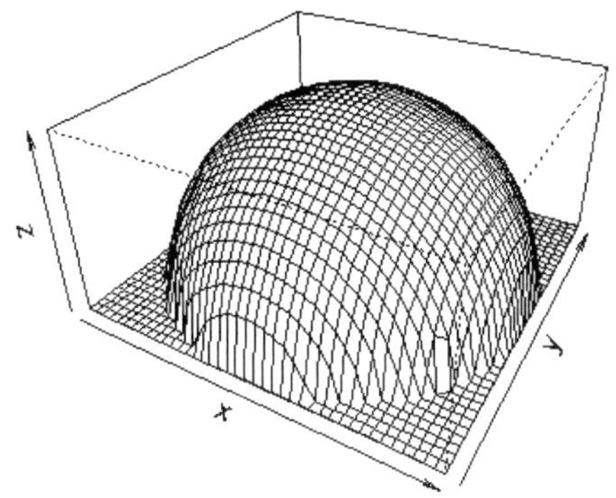

<그림 10> $f(x,y) = \sqrt{a^2 - x^2 - y^2}\ ,\ x^2 + y^2 \leqq a^2$

```
* f <- function(x,y) sqrt((1-x^2-y^2)*(x^2 + y^2 <= 1))
  x <- seq(-1,1,0.05)
  y <- seq(-1,1,0.05)
  z <- outer(x, y, f)
  persp(x, y, z, zlim=c(0,1), theta=30, phi=30, expand=0.5)
```

예 7. $V = \int_{-\infty}^{\infty}\int_{-\infty}^{\infty} \frac{1}{2\pi} e^{-\frac{x^2+y^2}{2}}\, dx\, dy$를 구하라.

풀이. $V = \int_{-\infty}^{\infty}\int_{-\infty}^{\infty} \frac{1}{2\pi} e^{-\frac{x^2+y^2}{2}}\, dx\, dy$

$$= \int_0^{2\pi}\left\{\int_0^{\infty} \frac{1}{2\pi} e^{-\frac{r^2}{2}}\, r\, dr\right\} d\theta$$

$$= \int_0^{2\pi}\left[-\frac{1}{2\pi} e^{-\frac{r^2}{2}}\right]_0^{\infty} d\theta = 1\,.$$ ☑

앞 예에서 구한 적분은 통계학에서 매우 중요하다. 왜냐하면

$$\begin{aligned}2\pi &= \int_{-\infty}^{\infty}\int_{-\infty}^{\infty} e^{-\frac{x^2+y^2}{2}}\,dx\,dy \\ &= \int_{-\infty}^{\infty}\int_{-\infty}^{\infty} e^{-\frac{x^2}{2}} e^{-\frac{y^2}{2}}\,dx\,dy \\ &= \int_{-\infty}^{\infty} e^{-\frac{y^2}{2}}\left\{\int_{-\infty}^{\infty} e^{-\frac{x^2}{2}}\,dx\right\}dy \\ &= \left(\int_{-\infty}^{\infty} e^{-\frac{x^2}{2}}\,dx\right)\left(\int_{-\infty}^{\infty} e^{-\frac{y^2}{2}}\,dy\right) \\ &= \left(\int_{-\infty}^{\infty} e^{-\frac{x^2}{2}}\,dx\right)^2.\end{aligned}$$

그러므로 $\int_{-\infty}^{\infty} e^{-\frac{x^2}{2}}\,dx = \sqrt{2\pi}$ 이다. 이로부터 $k e^{-\frac{x^2}{2}}$ (k 는 상수) 꼴의 함수가 확률밀도함수가 되기 위해서는 $k = (2\pi)^{-0.5}$ 여야 함을 알 수 있다. ☑

예 8. R : $1 \leqq x^2 + y^2 \leqq 2x$ 라고 할 때 $V = \iint_R \sqrt{x^2+y^2}\,dx\,dy$ 를 구하라.

풀이. $1 \leqq x^2 + y^2 \leqq 2x \iff 1 \leqq r^2 \leqq 2r\cos\theta \iff 1 \leqq r \leqq 2\cos\theta$.

$1 \leqq 2\cos\theta$ 이기 위해서는 $-\frac{\pi}{3} \leqq \theta \leqq \frac{\pi}{3}$ 여야 하므로

$$\begin{aligned}\therefore\quad V &= \iint_R \sqrt{x^2+y^2}\,dx\,dy \\ &= \int_{-\frac{\pi}{3}}^{\frac{\pi}{3}}\left\{\int_1^{2\cos\theta}\sqrt{r^2+y^2}\;r\,dr\right\}d\theta \\ &= \int_{-\frac{\pi}{3}}^{\frac{\pi}{3}}\left[\frac{1}{3}r^3\right]_1^{2\cos\theta}d\theta \\ &= \frac{1}{3}\int_{-\frac{\pi}{3}}^{\frac{\pi}{3}}(8\cos^3\theta - 1)\,d\theta = 2\sqrt{3} - \frac{2}{9}\pi.\end{aligned}$$

☑

4절.* 다중적분

p-변수 연속함수 $f(x_{1,}\cdots,x_p)$에 대한 다중적분(多重積分, multiple integral)도 이중적분과 유사하게 정의되고 산출된다.

정의: $$V = \int_R \cdots \int f(x_{1,}\cdots,x_p)\, dx_1 \cdots dx_p$$

$$= \lim_{\Delta x_1 \to 0, \cdots, \Delta x_p \to 0} \sum_{i_1} \cdots \sum_{i_p} f(x_1^*, \cdots, x_p^*)\, \Delta x_1 \cdots \Delta x_p .$$

계산: 반복적분(iterated integral)

$$\int \cdots \int \int f(x_{1,}\cdots,x_p)\, dx_1\, dx_2 \cdots dx_p = \int \cdots \int \left\{ \int f(x_{1,}\cdots,x_p)\, dx_1 \right\} dx_2 \cdots dx_p .$$

변수 변환:

연속인 1계 편도함수를 갖는 변환

$$T:\ x_1 = x_1(u_1,\cdots,u_p), \cdots , x_p = x_p(u_1,\cdots,u_p)$$

에 의해 $(x_{1,}\cdots,x_p)$ 공간의 영역 R과 $(u_{1,}\cdots,u_p)$ 공간의 영역 S가 1:1 대응하는 경우

$$\int_R \cdots \int f(x_{1,}\cdots,x_p)\, dx_1 \cdots dx_p$$

$$= \int_S \cdots \int f(x_1(u_1,\cdots,u_p),\cdots,x_p(u_{1,}\cdots,u_p)) \left| \frac{\partial(x_{1,}\cdots,x_p)}{\partial(u_1,\cdots,u_p)} \right| du_1 \cdots du_p$$

이다. 여기서 Jacobian은 다음 행렬식(determinant)으로 정의된다.

$$\frac{\partial(x_1,\cdots,x_p)}{\partial(u_1,\cdots,u_p)} = \det \begin{pmatrix} \dfrac{\partial x_1}{\partial u_1} & \cdots & \dfrac{\partial x_1}{\partial u_p} \\ \vdots & & \vdots \\ \dfrac{\partial x_p}{\partial u_1} & \cdots & \dfrac{\partial x_p}{\partial u_p} \end{pmatrix}.$$

부록 A. 평가문제

A.1 중간 평가: 1장, 2장

문제

1. 1) f 와 g 가 연속 함수이면 $f+g$ 도 연속이다. 그 역이 성립하는가?
   2) f 와 g 가 연속 함수이면 $g \circ f$ 도 연속이다. 그 역이 성립하는가?

2. $f(x)$ 와 $g(x)$ 가 $[a,b]$ 에서 연속이고 (a,b) 에서 미분가능하다. 다음을 보여라.
   1) $\{f(x)g(x)\}' = f'(x)g(x) + f(x)g'(x)$, for $a < x < b$.
   2) $\{f(x)/g(x)\}' = \dfrac{f'(x)g(x) - f(x)g'(x)}{g(x)^2}$, for $a < x < b$.

3. 다음 극한을 구하라.
   1) $\lim\limits_{x \to 0} \dfrac{a^x - b^x}{x}$ $\quad (a > 0, b > 0)$
   2) $\lim\limits_{x \to \infty} x^2 e^{-x}$

4. $x=0$을 중심으로 다음 함수에 대한 테일러 급수를 2차항까지 구하라.
   1) $\dfrac{1}{(1+x)^2}$ $\quad (-1 < x < 1)$
   2) e^{e^x} $\quad (= \exp(\exp(x)))$

모범답안

1. 풀이:

1) 역은 성립하지 않는다. $f: \mathbb{R} \to \mathbb{R}$와 $g: \mathbb{R} \to \mathbb{R}$를 다음과 같이 정의하자.

$$f(x) = \begin{cases} 1, & x \geq 0 \\ -1, & x < 0 \end{cases}, \qquad g(x) = \begin{cases} -1, & x \geq 0 \\ 1, & x < 0 \end{cases}.$$

그러면 $(f+g)(x) = 0$. 즉 $f+g$는 연속함수가 된다. 그러나 f와 g는 $x = 0$에서 불연속이다. ■

2) 역은 성립하지 않는다. $f: \mathbb{R} \to \mathbb{R}$와 $g: \mathbb{R} \to \mathbb{R}$를 다음과 같이 정의하자.

$$f(x) = \begin{cases} \dfrac{1}{x}, & x \neq 0 \\ 0, & x = 0 \end{cases}, \qquad g(x) = \begin{cases} \dfrac{1}{x}, & x \neq 0 \\ 0, & x = 0 \end{cases}.$$

그러면 $(g \circ f)(x) = x$ 가 된다. 즉, $g \circ f$ 는 모든 점에서 연속이다. 그러나 f와 g는 $x = 0$에서 불연속이다. ■

2. 증명:

1)
$$\frac{d}{dx}\{f(x) \cdot g(x)\} = \lim_{h \to 0} \frac{1}{h}\{f(x+h)g(x+h) - f(x)g(x)\}$$
$$= \lim_{h \to 0} \frac{1}{h}\{f(x+h)g(x+h) - f(x+h)g(x)\} + \lim_{h \to 0} \frac{1}{h}\{f(x+h)g(x) - f(x)g(x)\}$$
$$= f'(x)g(x) + f(x)g'(x)$$
■

2)
$$\frac{d}{dx}\{f(x)/g(x)\} = \lim_{h \to 0} \frac{1}{h}\{f(x+h)/g(x+h) - f(x)/g(x)\}$$
$$= \lim_{h \to 0} \frac{1}{h}\{f(x+h)g(x) - f(x)g(x+h)\}/\{g(x+h)g(x)\}$$
$$= \lim_{h \to 0} \frac{\frac{1}{h}\{(f(x+h) - f(x))g(x) - f(x)(g(x+h) - g(x))\}}{\{g(x+h)g(x)\}}$$
$$= \frac{f'(x)g(x) - f(x)g'(x)}{g(x)^2}$$
■

3. 풀이:

1) $$\lim_{x \to 0} \frac{a^x - b^x}{x} = \lim_{x \to 0} \frac{e^{x \log a} - e^{x \log b}}{x}$$

$$= \lim_{x \to 0} \frac{e^{x \log a} \log a - e^{x \log b} \log b}{1} \quad \text{(로피탈 정리에 의하여)}$$

$$= \log a - \log b .$$ ■

2) $$\lim_{x \to \infty} x^2 e^{-x} = \lim_{x \to \infty} \frac{x^2}{e^x}$$

$$= \lim_{x \to \infty} \frac{2x}{e^x} \quad \text{(로피탈 정리에 의하여)}$$

$$= \lim_{x \to \infty} \frac{2}{e^x} \quad \text{(로피탈 정리에 의하여)}$$

$$= 0$$ ■

4. 풀이:

1) $f(x) = \dfrac{1}{(1+x)^2}$ 로 놓으면 $f'(x) = \dfrac{-2}{(1+x)^3}$, $f''(x) = \dfrac{6}{(1+x)^4}$.

따라서 $f(0) = 1$, $f'(0) = -2$, $f''(0) = 6$.

$$\therefore\ f(x) = 1 - \frac{2}{1!}x + \frac{6}{2!}x^2 + \cdots = 1 - 2x + 3x^2 + \cdots .$$ ■

2) $f(x) = \exp(\exp(x))$ 로 놓으면

$f'(x) = \exp(\exp(x))\exp(x)$ (연쇄법칙에 의하여).

$f''(x) = \exp(\exp(x))\{\exp(x)\}^2 + \exp(\exp(x))\exp(x)$.

따라서 $f(0) = e$, $f'(0) = e$, $f''(0) = 2e$.

$$\therefore\ f(x) = e + \frac{e}{1!}x + \frac{2e}{2!}x^2 + \cdots = e + ex + ex^2 + \cdots .$$ ■

A.2 기말평가: 3장, 4장, 5장

문제

1. $\int_0^{\frac{\pi}{2}} \cos^{15} x \sin x \, dx$ 를 구하라.

2. $\int_0^{\infty} e^{-x} x^2 \, dx$ 를 구하라.

3. $(x, y) = (1, 1)$ 에서 곡면 $z = x^2 y$ 에 대한 접평면의 방정식을 구하여라.

4. 이변수함수 $z = f(x, y)$ 가 미분가능하고 $f_x(1, 1) = 1$, $f_y(1, 1) = 0$ 이다.
$x = \sqrt{2} \cos t$, $y = \sqrt{2} \sin t$ 일 때, $t = \frac{\pi}{4}$ 에서 $\frac{dz}{dt}$ 를 구하라.

5. $x > 0, y > 0$ 에서 정의된 이변수 함수 $f(x, y) = xy + 2x - \log(x^2 y)$ 의 극대점, 극소점, 안장점(saddle point)을 찾아보라.

6. $R: 0 \leqq x \leqq 1,\ 0 \leqq y \leqq 1$ 라고 할 때 $\iint_R (x+y)^{18} \, dx \, dy$ 를 구하라.

7. $R: x^2 + y^2 \leqq 1,\ \frac{1}{\sqrt{3}} x \leqq y \leqq \sqrt{3} x$ 라고 할 때 $\iint_R (x^2 + y^2)^{3/2} \, dx \, dy$ 를 구하라.

8. $\int_0^{\infty} \left\{ \int_y^{\infty} 2 e^{-x^2} dx \right\} dy$ 를 구하여라.

모범답안

1. 풀이: $y=\cos x$ 로 놓자. 그러면 $dy = -\sin x\,dx$.

$$\int_0^{\frac{\pi}{2}} \cos^{15} x \sin x\,dx = -\int_1^0 y^{15}\,dy = \int_0^1 y^{15}\,dy = \frac{1}{16}.$$

답. $\frac{1}{16}$

2. 풀이: $\int_0^\infty e^{-x} x^2\,dx = [-e^{-x}x^2]_0^\infty + \int_0^\infty e^{-x}\,2x\,dx$

$$= [-e^{-x}2x]_0^\infty + \int_0^\infty e^{-x}\,2\,dx = [-e^{-x}2]_0^\infty = 2.$$

답. 2

3. 풀이: $(x, y) = (1,1)$ 에서 $z = 1$, $\frac{\partial z}{\partial x} = 2xy = 2$, $\frac{\partial z}{\partial y} = x^2 = 1$ 이므로

접평면의 방정식은

$$z = 1 + 2(x-1) + (y-1).$$

답. $z = 2x + y - 2$.

4. 풀이: 제1 연쇄법칙에 의하여

$$\frac{dz}{dt} = \frac{\partial z}{\partial x}\frac{dx}{dt} + \frac{\partial z}{\partial y}\frac{dy}{dt} = \frac{\partial z}{\partial x}\sqrt{2}\,(-\sin t) + \frac{\partial z}{\partial y}\sqrt{2}\,(\cos t)$$

$$= f_x(1,1)(-1) + f_y(1,1)(+1) = -1.$$

답. -1

5. 풀이:

$$f_x(x,y) = y + 2 - \frac{2}{x} = 0,\ f_y(x,y) = x - \frac{1}{y} = 0 \Rightarrow x = \frac{1}{2},\ y = 2.$$

$(\frac{1}{2}, 2)$ 에서 $f_{xx}(x,y) = \frac{2}{x^2} = 8$, $f_{xy}(x,y) = 1$, $f_{yy}(x,y) = \frac{1}{y^2} = \frac{1}{4}$.

2차 편도함수 테스트에 의하여 $(\frac{1}{2}, 2)$ 에서

$$f(x,y) = xy + 2x - \log(x^2 y) \text{ 는 극소.}$$

답. f 는 $(\frac{1}{2}, 2)$ 에서 극소. 극대점과 안장점은 없다.

6. 풀이: $\displaystyle\iint_R (x+y)^{18}\,dx\,dy$

$$= \int_0^1\int_0^1 (x+y)^{18}\,dx\,dy = \int_0^1 [\frac{1}{19}(x+y)^{19}]_0^1\,dy$$

$$= \frac{1}{19}\int_0^1 \{(1+y)^{19} - y^{19}\}\,dy$$

$$= \frac{1}{19\cdot 20}[(1+y)^{20} - y^{20}]_0^1 = \frac{1}{380}(2^{20}-2).$$

답. $\frac{1}{190}(2^{19}-1)$

7. 풀이: $R: x^2+y^2 \leqq 1,\ \frac{1}{\sqrt{3}}x \leqq y \leqq \sqrt{3}\,x$ 를 극좌표로 표현하면

$$R: r^2 \leqq 1,\ \frac{1}{\sqrt{3}} \leqq \tan\theta \leqq \sqrt{3}\ \ (\text{or}\ \ \frac{\pi}{6} \leqq \theta \leqq \frac{\pi}{3})$$

$$\therefore \iint_R (x^2+y^2)^{3/2}\,dx\,dy = \int_{\pi/6}^{\pi/3}\int_0^1 r^3\,r\,dr\,d\theta = \frac{1}{5}\cdot\frac{\pi}{6} = \frac{\pi}{30}$$

답. $\frac{\pi}{30}$

8. 풀이: $\displaystyle\int_0^\infty\left\{\int_y^\infty 2e^{-x^2}dx\right\}dy = \int_0^\infty\left\{\int_0^x 2e^{-x^2}dy\right\}dx = \int_0^\infty 2x\,e^{-x^2}dx$

$$= \int_0^\infty 2x\,e^{-x^2}dx = [-e^{-x^2}]_0^\infty = 1.$$

답. 1

부록 B. 연습문제

* 연습문제 풀이는 출판사 홈페이지(http://www.kyowoo.co.kr)에 있습니다.
  풀이에 이상을 발견한 학생은 허명회 교수(stat420@korea.ac.kr)에 e-mail로 알려주길 바랍니다.

B.1 수열과 함수

1. 정리 1의 3항과 4항을 증명하여라.

2. 정리 4로부터 위로 유계인 증가수열이 수렴함을 알았을 것이다. 이 사실을 이용하여 아래로 유계인 감소수열이 수렴함을 보여라.

3. 조임정리(squeeze theorem)를 이용하여 다음의 극한값을 구하여라.

   1) $\lim_{n \to \infty} \frac{\cos^4 n}{n^5}$.

   2) $\lim_{n \to \infty} (-1)^n \frac{1}{n^2}$.

4. 다음의 극한값을 구하여라.

   1) $\lim_{h \to 0} (1+2h)^{\frac{1}{h}}$.

   2) $\lim_{n \to \infty} \left(1 - \frac{1}{2n}\right)^n$.

5. 위로 유계인 단조증가수열은 수렴한다는 사실을 이용하여 다음 수열의 수렴과 발산을 판정하여라.

1) $a_n = \dfrac{1}{\sqrt{n}}$.

2) $a_n = \dfrac{1 \times 3 \times 5 \times \dots \times (2n-1)}{2 \times 4 \times 6 \times \dots \times (2n)}$.

3) $a_1 = \dfrac{1}{2}$, $a_{n+1} = \dfrac{1}{5}(2a_n + 3)$, $n \geqq 1$.

6. $\alpha > 0$일 때, $a_1 = \sqrt{\alpha}$, $a_2 = \sqrt{a_1}$, ..., $a_n = \sqrt{a_{n-1}}$, ... 의 극한값을 구하라.

7. 다음의 그래프가 y가 x의 함수인지 아닌지를 판단하고 왜 그런지를 말하라.

1)

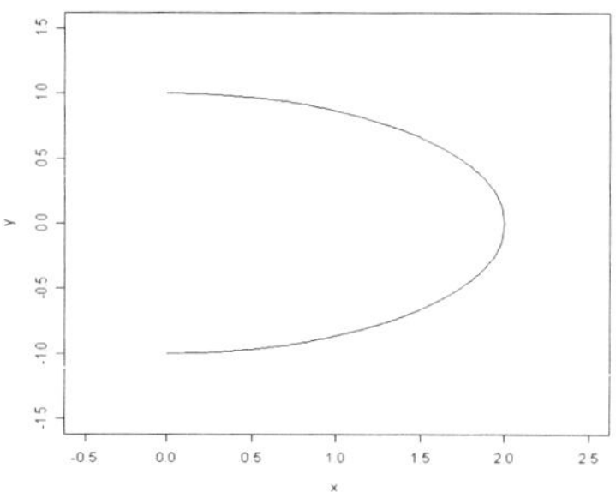

2)

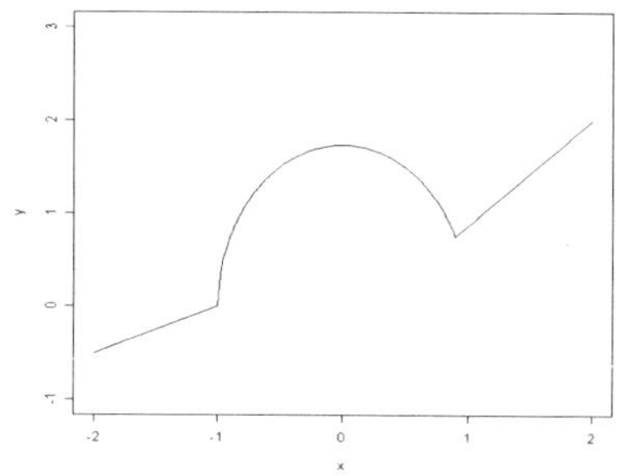

8. 다음 함수의 그래프를 그리시오.

1) $f(x) = \begin{cases} x\ , & 0 \leqq x \leqq 1 \\ 2 - x\ , & 1 < x \leqq 2 \end{cases}$.

2) $f(x) = \begin{cases} 3 - x\ , & 0 \leqq x \leqq 1 \\ 2x\ , & x > 1 \end{cases}$.

9. 다음 그래프들이 각각 어느 함수의 것인지 아래 그림에서 찾아라. 그 이유는?

1) $y = x^5$ 2) $y = 5^x$ 3) $y = 5x$.

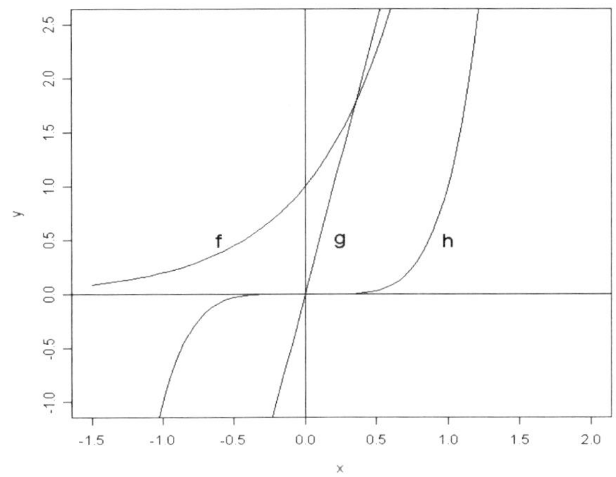

10. 다음의 극한값을 구하여라.

1) $\lim_{x \to 2} \frac{x^3 - 8}{x - 2}$.

2) $\lim_{x \to 3} \frac{x^2 + x - 12}{x^3 - 3x^2 + x - 3}$.

3) $\lim_{x \to 0} \frac{\sin x}{x^{1/2}}$.

11. 조임정리를 이용하여 다음 극한값을 구하여라.

1) $\lim_{x \to 0} x \sin \frac{1}{x^3}$.

2) $\lim_{x \to 1} \ln x \cos \frac{1}{x+2} \cos x$.

12. $\lim_{x \to \infty} (1 + \frac{1}{x})^x = \lim_{x \to -\infty} (1 + \frac{1}{x})^x = \lim_{x \to 0} (1 + x)^{\frac{1}{x}} = e$ 임을 증명하여라.

13. $\lim_{x \to 0} |f(x)| = 1$ 이지만, $\lim_{x \to 0} f(x)$ 가 존재하지 않는 함수의 예를 찾아라.

14. $f(x)=\begin{cases} x\sin\dfrac{\pi}{x}, & x\neq 0 \\ 0, & x=0 \end{cases}$ 은 $(-\infty,\infty)$에서 연속임을 보이라.

15. 다음 극한값을 구하여라.

1) $\lim_{x\to 0} e^{(\frac{\sin x}{2x})^2}$.

2) $\lim_{x\to 0}\dfrac{a^x-1}{2x}$, $a>0$ (도움말: $\lim_{x\to 0}\dfrac{e^x-1}{x}=1$ 을 이용).

16. 다음의 극한값을 구하여라.

1) $\lim_{x\to 1/2}\sin^{-1}x$.

2) $\lim_{x\to -\infty}\tan^{-1}x$.

17. $\sinh x=\dfrac{e^x-e^{-x}}{2}$, $\cosh x=\dfrac{e^x+e^{-x}}{2}$, $\tanh x=\dfrac{\sinh x}{\cosh x}$라고 할 때, $\tanh^{-1}x$의 함수를 구하여라.

18. 다음의 매개변수 방정식을 x와 y의 방정식으로 바꾸어라.

1) $x=at,\ y=bt^2\ (a\neq 0,\ b\neq 0)$.

2) $x=e^t+e^{-t},\ y=e^t-e^{-t}$ (도움말: x, y를 제곱해본다).

19. 다음 적분을 사다리꼴 공식과 심프슨의 공식을 사용하여 구하여라.
(n =10, 100에 대해 계산해볼 것)

1) $\int_0^1 x^2\,dx$.

2) $\int_0^{\pi} x\sin x\,dx$.

B.2 미분

1. 다음을 증명하여라.

   1) $\dfrac{d}{dx} a^x = a^x \log a$, for $a > 0$.

   2) $\dfrac{d}{dx} \log_a x = \dfrac{1}{x} \cdot \dfrac{1}{\log a}$, for $a > 0$.

2. $f(x)$와 $g(x)$가 $[a,b]$에서 연속이고 (a,b)에서 미분가능한 함수라고 하자. 다음을 보여라.

   1) $\{f(x)+g(x)\}' = f'(x)+g'(x)$, for $a < x < b$.

   2) $\{cf(x)\}' = cf'(x)$, for $a < x < b$.

3. $f(x) = \sqrt{x}$ 에서 $f'(x)$ 를 도함수의 정의에 의하여 구하여라.

4. $f(x) = x^2|x|$ 에서 $f'(0)$ 을 도함수의 정의에 의하여 구하여라.

5. $12y = x+16$ 은 곡선 $y = \sqrt[3]{x}$ 에 접한다 (단, $x > 0$). 접점의 좌표를 구하여라.

6. 다음 함수가 지정된 점 $x = a$ 에서 미분가능인지 결정하여라.

   1) $f(x) = |x| - 2x$; $a = 0$.

   2) $f(x) = \begin{cases} 3x^2 - 2x, & x \geq 1 \\ x^2, & x < 1 \end{cases}$; $a = 1$.

7. 함수 $f(x) = \begin{cases} x^2 \quad , & x \geq 1 \\ ax - b, & x < 1 \end{cases}$ 가 $x = 1$에서 미분가능이 되도록 상수 a, b의 값을 정하여라.

8. 미분계수의 정의를 이용하여 다음의 극한값을 $f'(c)$로 나타내어라.

1) $\lim_{h \to 0} \frac{\{f(c-2h)-f(c)\}}{h}$.

2) $\lim_{h \to 0} \frac{\{f(c-2h)-f(c+3h)\}}{h}$.

9. 다음 함수의 도함수를 구하여라.

1) $f(x) = 4x^3 - 3x^2 + 2$.

2) $f(x) = \left(2+\frac{1}{x}\right)\left(1-\frac{1}{x}\right)$.

3) $f(x) = x^2 \sin x$.

4) $f(x) = \sin(\cos x)$.

5) $f(x) = \sqrt{2x - x^{1/3}}$.

6) $f(x) = \tan e^{2x}$.

7) $f(x) = \ln(x^2+1)$.

8) $f(x) = 3^{4x-6}$.

9) $f(x) = \log_3(x^3-1)$.

10) $f(x) = a^x((\ln a)\sin bx - b\cos bx)$.

10. $f(x) = x^3$에서 $(f^{-1})'(8)$ 을 구하여라.

11. 다음에서 $\frac{dy}{dx}$를 구하여라.

1) $x = 1-t,\ y = 2+t$.

2) $x = \frac{t}{1-t^2},\ y = \frac{2t}{1-t}$.

12. 평균값의 정리를 써서 $1.5 < \sqrt{3} < 1.75$ 임을 증명하여라.

13. 로피탈 정리를 이용하여 다음 극한값을 구하라.

1) $\lim_{x \to 0} x \ln x$.

2) $\lim_{x \to 0} \frac{1-\cos x}{x+x^2}$.

3) $\lim_{x \to 0} \frac{e^x - 1 - x}{x^2}$

14. 다음 함수의 y', y'', y'''을 구하여라.

1) $y = \frac{1}{x}(x^2-x)^2$

2) $y = x^2 - x^{-1}$

15. $y = \log(\log x)$, $(x > 1)$ 의 y', y''을 구하여라.

16. $x = a$ 에서 다음 함수에 대한 테일러 급수를 2차 항까지 구하라.

1) $\cos x$; $a = 0$.

2) $\frac{1}{x+1}$; $a = -\frac{1}{2}$.

3) xe^x ; $a = 0$.

17. 다음 함수의 극값을 구하여라.

1) $f(x) = x\sqrt{2-x^2}$, $|x| \leqq \sqrt{2}$.

2) $f(x) = 2x^{1/2} - x$, $x \geqq 0$.

18. 다음 함수의 극값 및 변곡점을 구하여라.

1) $f(x) = \frac{1}{\sqrt{x}}$; $x > 0$.

2) $f(x) = x^{-3}$; $x > 0$.

3) $f(x) = x^6 - 2x^3$.

4) $f(x) = x - \sin x$.

19. 다음 부등식을 증명하여라.

1) $\frac{x^2}{2} + \frac{1}{x} \geqq \frac{3}{2}$; $0 < x < 2$.

2) $\sin x < x$; $x > 0$.

20. $y = x^2(x-2)^2$ 의 함수에 대해 극값과 변곡점을 구하고, 이를 이용해 그래프를 그려보아라.

21. $y = \log x$ 위를 지나는 4사분면 위의 점 P 가 있다. 원점 O와 점 P를 꼭지점으로 하고, x, y축에 접하는 직사각형의 넓이의 최대값을 구하여라.
(도움말: 직사각형 넓이에 대한 함수를 구하고, 그 함수를 최대로 만드는 문제로 바꾸어 생각해본다.)

B.3 적분

1. 정적분의 정의를 이용하여 적분값을 구하여라.

   1) $\int_0^1 x^3 dx$.

   2) $\int_{-2}^0 (4-x^2)\,dx$.

2. 적분에 대한 평균값 정리를 이용하여 $\lim_{h\to 0}\left\{\frac{1}{h}\int_0^h \ln(\cos t)\,dt\right\}$을 구하여라.

3. $\frac{d}{dx}\int_0^x \frac{t^2}{t^4+1}dt$ 을 구하여라.

4. $x>0$ 에서 정의된 함수 $y=f(x)$가 다음 조건을 만족할 때, $f(x)$를 구하여라.

   조건 1) $f(1)=\frac{1}{3}$, 조건 2) $\int f(x)\,dx = x f(x)+\frac{1}{x^2}$.

5. n개의 상수 $k_i(i=1,2,\cdots,n)$와 n개의 함수 $f_i(x)$가 주어졌을 때, 정리 1의 1)과 2)로부터 다음을 유도하여라.

$$\int \sum_{i=1}^{n} k_i f_i(x)\,dx = \sum_{i=1}^{n} k_i \int f_i(x)\,dx .$$

6. 다음 정적분의 값을 구하여라.

   1) $\int_0^1 \sqrt{x}\,(x+1)\,dx$.

   2) $\int_0^1 \frac{2x}{9-x^2}dx$.

7. 치환적분을 이용하여 다음을 구하여라.

1) $\int \sqrt{2x+1}\, dx$.

2) $\int \sin(5\theta+3)\, d\theta$.

3) $\int \sin^3 x \cdot \cos x\, dx$.

8. 부분적분을 이용하여 다음을 구하여라.

1) $\int x \cos x\, dx$.

2) $\int \ln x\, dx$.

3) $\int e^x \cos x\, dx$.

9. 부분분수를 이용하여 다음을 구하여라.

1) $\int \frac{5x+4}{(x+2)^2}\, dx$.

2) $\int \frac{2x^3-4x^2-x-3}{x^2-2x-3}\, dx$.

10. 다음 적분의 수렴·발산을 밝히고, 수렴하는 경우에는 적분값을 구하여라.

1) $\int_0^2 \ln x\, dx$.

2) $\int_0^\infty \frac{1}{1+x^2}\, dx$.

3) $\int_1^\infty \frac{1}{\sqrt{x^2-1}}\, dx$.

11. $f(x) = \int_0^1 \sqrt{x+8}\,dx$ 의 값은 $2\sqrt{2}$ 와 3사이에 있음을 증명하여라.

12. $f_1(x) = \int e^{2x}\,dx$, $f_{n+1}(x) = \int f_n(x)\,dx$ 이고 $f_n(0) = (0.5)^n$ 일 때, 무한급수 $\sum_{n=1}^{\infty} f_n(1)$ 의 값을 구하여라.

13. 1) 리마송은 $r(\theta) = 2\cos\theta + 1$, $0 \leqq \theta \leqq 2\pi$ 로 정의된다. 리마송 $r(\theta)$를 그려보아라.

2) 위에서 그린 도형의 작은 루프안의 넓이를 구하여라.

14. $r(\theta)$로 정의된 그래프에 의해 둘러싸인 영역의 면적을 구하여라.

1) $r(\theta) = 3 - 2\cos\theta$.

2) $r(\theta) = \dfrac{1}{3}\cos 2\theta$.

B.4 편미분

1. 다음 극한값을 구하여라.

1) $\displaystyle\lim_{(x,y)\to(0,2)} \frac{x-xy+4}{x^2y+5xy-y^3}$.

2) $\displaystyle\lim_{(x,y)\to(1,3)} \sqrt{x^2+y^2+2}$.

3) $\displaystyle\lim_{(x,y)\to(\pi/6,0)} \cot x \cdot \cos y$.

2. 다음 극한값을 구하여라.

1) $\displaystyle\lim_{\substack{(x,y)\to(1,1)\\ x\neq y}} \frac{2x^2-xy-y^2}{x-y}$.

2) $\displaystyle\lim_{\substack{(x,y)\to(0,0)\\ x\neq y}} \frac{x-y}{\sqrt{x}-\sqrt{y}}$.

3. 다음 함수는 $(0,0)$에서 극한값을 갖지 않음을 보여라.

1) $f(x,y)=\dfrac{xy+y^3}{x^2+y^2}$.

2) $f(x,y)=\dfrac{y^2}{x^2+y^2}$.

4. $\partial f/\partial x$와 $\partial f/\partial y$를 편도함수의 정의로부터 구하여라.

* 정의 : $\dfrac{\partial f}{\partial x}(x,y)=\displaystyle\lim_{h\to 0}\frac{1}{h}\{f(x+h,y)-f(x,y)\}$,

$\dfrac{\partial f}{\partial y}(x,y)=\displaystyle\lim_{h\to 0}\frac{1}{h}\{f(x,y+h)-f(x,y)\}$.

1) $f(x,y)=x^2y$.

2) $f(x,y)=e^{2x+3y}$.

5. 주어진 점에서 $\partial f/\partial x$와 $\partial f/\partial y$를 구하여라.

1) $f(x,y)=x^2+xy+2x-2$. $(3,-4)$

2) $f(x,y)=\sqrt{x^2+y^2}$. $(-1,1)$

3) $f(x,y)=\log_y x$. (e,e)

4) $f(x,y)=e^{xy}+\ln(x^2+y)$. $(2,1)$

6. 주어진 점에서 $f(x,y)$에 대한 접평면 방정식 z를 구하여라.

1) $f(x,y)=(2xy-1)^2$. $(1,2)$

2) $f(x,y)=e^{(x+2y)}$. $(1,0.5)$

7. $\partial z/\partial t$를 구하여라.

1) $z=2x^2+y^2$, $x=\cos t+\sin t$, $y=-\sin t$.

2) $z=\ln(x^2+y^2)$, $x=\sin t$, $y=-\cos t$.

3) $z=x^2-y^2$, $x=t^2-1$, $y=3\sin\pi t$.

8. $\partial y/\partial x$를 구하여라.

1) $x^2-y^2-\cos xy=0$.

2) $x^3-y^2+2xy=0$.

3) $ye^x-x^2+\sin xy=0$.

9. 다음 함수의 극대·극소를 탐색하여라.

1) $f(x,y)=2x^2+y^2-xy-7y$.

2) $f(x,y)=\dfrac{x}{y}+xy$.

3) $f(x,y)=x^3+y^3-3xy$.

10. 다음을 구하여라.

1) 쌍곡선 $x^2-y^2=1$에서 함수 $f(x,y)=x^2+(y-2)^2$의 최소값을 구하여라.

2) $x^3+y^3+z^3=1$, $x\geq 0$, $y\geq 0$, $z\geq 0$이라는 조건에서 함수 $f(x,y,z)=xyz$의 최대값을 구하여라.

11. 한 꼭지점은 원점에, 반대편 꼭지점은 평면 $x+y+z=1$에 접한 제 1팔분면 위의 직육면체의 최대 부피를 구하여라. (제 1팔분면은 $x, y, z > 0$이다.)

12. 타원체 $\frac{x^2}{a^2}+\frac{y^2}{b^2}+\frac{z^2}{c^2}=1$에 접한 직육면체의 최대 부피를 구하여라.

13. 주어진 원에 내접하는 삼각형 가운데서 둘레가 가장 긴 삼각형은 정삼각형임을 보여라.

B.5 중적분

1. 다음 반복적분을 계산하여라.

   1) $\int_0^2 \int_0^4 (3x+4y)\,dx\,dy$.

   2) $\int_{-1}^1 \int_2^4 x^2 y^3\,dy\,dx$.

   3) $\int_0^{\pi/2} \int_0^{\pi/2} (y-1)\cos x\,dx\,dy$.

2. 다음 영역에서 주어진 함수의 이중적분을 두 가지 반복적분으로 계산하고 그 값이 일치함을 확인하시오.

   1) $f(x,y) = \sqrt{x+y}$; $R = [0,1]\times[1,2]$.

   2) $f(x,y) = \sin x \cdot \cos y$; $R = [0,\pi/2]\times[0,\pi/2]$.

3. $\lim_{n\to\infty} \int_0^1 \int_0^1 x^n y^n\,dx\,dy = 0$ 을 증명하여라.

4. 다음 곡선으로 둘러싸인 부분의 넓이를 이중적분을 써서 구하여라.

   (도움말: 두 곡선 사이의 넓이 $= \int\int_R 1\,dx\,dy$)

   1) $y = x$ 와 $y = x^2 - 2x$ 로 닫혀 있는 영역 R .

   2) $y = x^2$ 과 $y = 2x + 3$ 로 닫혀 있는 영역 R .

5. 주어진 영역을 그려보고, 다음 이중적분 구하여라.

   1) $\int\int_R x^3 y\,dx\,dy$.

   영역 R은 xy-평면의 제1사분면에서 곡선 $x = y^3$ 과 $y = x^2$ 으로 닫혀있다.

   2) $\int\int_R (6x + 2y^2)\,dx\,dy$.

   영역 R은 xy-평면의 포물선 $x = y^2$ 과 직선 $x + y = 2$ 로 둘러 쌓여있다.

6. 다음 이중적분을 계산하여라. (도움말: 적분 순서를 바꿔 볼 것.)

$$\int_0^2 \int_{y/2}^1 y e^{x^3} dx\, dy \ .$$

7. 다음 이중적분을 극좌표를 써서 구하여라.

1) $\displaystyle\int_{-1}^1 \int_0^{\sqrt{1-x^2}} \frac{1}{1+x^2+y^2} dy\, dx \ .$

2) $\displaystyle\int_0^2 \int_0^{\sqrt{4-y^2}} (x^2+y^2)^{3/2} dx\, dy \ .$

8. 다음을 보여라. $\displaystyle\int_0^\infty \int_0^\infty \frac{dx\, dy}{(1+x^2+y^2)^2} = \frac{\pi}{4} .$

9. xy-평면과 포물면 $z = 25 - x^2 - y^2$ 으로 둘러 싸여 만들어진 입체의 부피를 구하여라. (단, $x, y \geq 0$ 이다.)

10. 다음 이중적분을 구하여라. (도움말: 변수변환을 활용할 것)

1) $\displaystyle\int_0^4 \int_{y/2}^{(y/2)+1} e^{\frac{2x-y}{2}} dx\, dy \ .$

2) $\displaystyle\int_0^3 \int_0^4 \int_{y/2}^{(y/2)+(\pi/4)} \left\{ \cos\left(\frac{2x-y}{2}\right) + e^{\frac{z}{3}} \right\} dx\, dy\, dz \ .$

11. 다음 삼중적분을 구하여라.

1) $\displaystyle\int_0^\pi \int_0^\pi \int_0^\pi \cos(x+y+z)\, dx\, dy\, dz \ .$

2) $\displaystyle\int_1^e \int_1^x \int_0^z \frac{2y}{z^3} dy\, dz\, dx \ .$

12. 위로는 포물기둥 $z = 4 - y^2$ 을 경계로 하고, 아래는 타원 포물면 $z = x^2 + 3y^2$ 을 경계로 하는 입체 T의 부피를 구하여라.

13. 함수 $f = f(x, y)$ 가 영역 Ω 위에서 연속이고 음이 아니다.

$$T = \{(x, y, z) : (x, y) \in \Omega,\ 0 \le z \le f(x, y)\}$$

일 때, $\int\int_T\int dx\,dy\,dz$ 와 $\int_\Omega\int f(x, y)\,dx\,dy$ 를 비교하여라.

찾아보기

통계수학강의 (개정판)

2007년 2월 20일 초 판 발행
2023년 6월 20일 개정판 2쇄 발행

저 자 / 허명회
발행자 / 오판근
발행처 / 교우사
주 소 / 서울 동대문구 제기2동 148-19
전 화 / 925-2861(대), 편집부 / 925-2825
팩 스 / 925-2860
E-mail / kw2861 @ empal. com
http: // www. kyowoo. co. kr
등록 / 1994. 3. 24 제6-0256호

ISBN 978-89-8172-659-1 (93310)

값 **13,000**원